寒地农作物提质增效营养富硒技术研究与应用

主　编　钱　华　赵　杨　王家有
副主编　鹿文成　付亚书　陈书强
　　　　曲红云　程水源　祝振洲

哈尔滨工程大学出版社
Harbin Engineering University Press

内 容 简 介

本书以寒地水稻、大豆、蔬菜、水果及经济作物提质增效营养富硒技术为中心,系统阐述了富硒农业和富硒农作物种植技术的基本知识、规范和常用的农作物富硒种植方法、种植模式的基础理论,以农作物富硒技术的应用提升黑龙江省农作物的竞争优势及附加值,为龙江寒地农业发展提供了方向,为寒地农作物富硒产业链条的形成奠定了基础理论,为富硒农业产业升级提供了科技支撑。

本书适合寒地农业富硒技术研究人员参考,也可为相关企业应用富硒技术提供借鉴。

图书在版编目(CIP)数据

寒地农作物提质增效营养富硒技术研究与应用/钱华,赵杨,王家有主编.—哈尔滨:哈尔滨工程大学出版社,2022.1

ISBN 978 - 7 - 5661 - 3386 - 1

Ⅰ.①寒… Ⅱ.①钱… ②赵… ③王… Ⅲ.①寒冷地区—作物—栽培技术—研究 Ⅳ.①S31

中国版本图书馆 CIP 数据核字(2021)第 281358 号

寒地农作物提质增效营养富硒技术研究与应用
HANDI NONGZUOWU TIZHI ZENGXIAO YINGYANG FUXI JISHU YANJIU YU YINGYONG

选题策划 薛 力 张志雯
责任编辑 张志雯
封面设计 李海波

出版发行 哈尔滨工程大学出版社
社 址 哈尔滨市南岗区南通大街 145 号
邮政编码 150001
发行电话 0451 - 82519328
传 真 0451 - 82519699
经 销 新华书店
印 刷 哈尔滨午阳印刷有限公司
开 本 787 mm×1 092 mm 1/16
印 张 9.5
字 数 237 千字
版 次 2022 年 1 月第 1 版
印 次 2022 年 1 月第 1 次印刷
定 价 68.00 元
http://www.hrbeupress.com
E-mail:heupress@ hrbeu.edu.cn

编 委 会

前　言

　　新时代我国社会主要矛盾已经转化为人民日益增长的美好生活需要和不平衡、不充分的发展之间的矛盾。富硒产业集绿色农业、功能农业、健康产业为一体，是一二三产业融合发展的新兴产业，发展富硒农业，对于满足人民日益增长的美好生活的多元化、多样化需求，对于农业绿色发展、提质增效、转型升级、供给侧结构性改革，对于脱贫攻坚、农民增收、全面小康和全民健康及乡村振兴都具有重要意义。

　　黑龙江省地处我国高纬度、高寒地区，是国家粮食安全的"压舱石"和农业科技创新的"排头兵"。在保质保量的同时龙江的农业科研人员致力于富硒农业的研究，研发出的绿色、有机的天然富硒农产品，是人们天然补硒、健康养生的最佳选择。

　　本书以寒地大田主栽作物水稻、大豆及果蔬提质增效营养富硒技术为中心，系统阐述了富硒农业和富硒农作物种植技术的基本知识、规范及常用的农作物种富硒植方法、种植模式的基础理论内容。农作物富硒技术的应用可提升黑龙江省农作物的竞争优势及附加值，也为龙江寒地农业发展提供了方向，为将来寒地农作物富硒产业链条的形成奠定了理论基础，为富硒农业产业升级提供了科技支撑。

　　本书在编写过程中，得到了有关单位和人员的大力支持，在此一并致谢。

编　者

目 录

第一章　富硒农业概述

第一节　富硒农业的含义

一、硒的概述

硒千百万年来隐藏在硫黄和碲中,直到1816年才被瑞典的两位化学家贝采里乌斯和加恩发现。硒在被发现之后的很长的一段时间里,一直被人们视为具有剧烈毒性的物质,还被怀疑具有致癌、致畸性。直至1957年,美国生物化学家施瓦茨博士首次证实硒是人体不可缺少的微量元素之一,它能抑制肝坏死,首先揭示了硒的有益生物学功能。20世纪50年代,畜牧兽医学者发现牲畜的白肌病是由饲草中硒元素缺乏导致的,在饲草中加入一定量的亚硒酸钠后,牲畜的白肌病便可治愈。1935年,克山病首先在我国黑龙江省克山地区被发现,据资料显示,患者主要表现为急性和慢性心功能不全,心脏扩大,心律失常及脑、肺和肾等脏器的栓塞。调查发现克山病全部发生在低硒地带,患者头发和血液中的硒明显低于非病区居民,而口服亚硒酸钠可以预防克山病的发生,说明硒与克山病的发生有关。我国科研工作者在克山病防治上开展了大量的科学研究,1973年杨光圻教授等在黑龙江省和四川省凉山彝族自治州等低硒地区开展硒防治克山病的实践研究并获得成功;同年,Gunaler等获得了谷胱甘肽过氧化物酶(GPX)蛋白晶体结构,硒是其组成部分;也是在1973年,世界卫生组织(WHO)和国际营养组织认定硒是人和动物必需的微量营养元素。1988年,我国营养学会修订的"每日膳食中营养素的供给量"将硒列入每日膳食营养元素之一。近几年来,随着分子生物学、免疫学和营养学的发展,硒的营养作用越来越受到人们的关注。目前研究已证实,硒是构成哺乳动物体内30多种含硒蛋白质与含硒酶(如谷胱甘肽过氧化物酶、硫氧还原蛋白酶及碘化甲腺原氨酸脱碘酶)等的重要组成成分,具有抗氧化、抗癌、提高机体免疫力等多种生物学功能。实践证明,硒与人体健康息息相关,人体缺硒容易导致未老先衰、精神不振、精子活力下降,严重缺乏硒时会引发心肌病、心肌衰竭、克山病和大骨节病等。全世界大约有10亿人缺硒,而我国也是世界上缺硒严重的国家之一。在我国版图上,存在一条从东北到西南走向的低硒带,全国有5亿~6亿人口因膳食结构中硒含量不足,造成人体低硒状态。但硒不能由机体自身产生,必须通过外界摄取。目前,由于硒导致的各种危及人体健康的问题及改善地区性缺硒的方法已经成为人们广泛关注的话题。研究资料表明,地球上有67%的国家和地区是缺硒或低硒区域,在我国约2/3的地区存在不同程度的缺硒现象,其中有30%的区域严重缺乏硒,我国的 22 个省市中有接近一半的人口处于缺硒状态。面对亟待解决的缺硒问题,20 世纪 80 年代,相关营养组织提出人体最佳摄取硒的范围,建议成年人的摄入量是 60 ~ 250 μg/d。因此,科学合理地补充硒元素是十分必要的。

二、硒元素在世界和中国的分布

中国科学院地理研究所的郑达贤、李日邦、王五一等几位专家经过多年研究,发现全世界有几十个国家报道有硒缺乏综合征,他们把存在硒缺乏综合征的国家一一标在世界自然带地图上并惊奇地发现:这种硒缺乏综合征在南、北半球各呈现一条大致纬向性的分布带,分布带的范围基本上为 30°以上的中高纬度地区。在北半球,硒缺乏综合征分布区基本上与北温带湿润和半湿润森林、森林草原和草甸草原地带、地中海型气候区的硬叶林和灌丛带相一致;在南半球,硒缺乏综合征主要分布在各大陆南端地中海型气候区的硬叶林和灌丛带。南、北半球两大分布带大部分地区的年降水量为 400 ~ 1 000 mm,这个地带的土壤主要为灰化土、棕壤、暗棕壤、褐色土、草甸黑土,以及与其性质相近的土壤。几位专家据此又深入研究,发现原来南、北半球存在着与硒缺乏综合征相对应的低硒地理环境,这个低硒地理环境也呈现出地带性分布规律,他们把这个分布带称为"低硒带"。进一步研究分析发现,在这个低硒地理环境带,对应着一条普遍性的植物低硒带。在这个植物低硒带内,人和动物也都处于低硒营养状态,频发各种硒缺乏综合征。全世界有 40 多个国家和地区属于缺硒地区。我国是一个缺硒大国,这是由我国的地质特点造成的,我国大部分国土面积恰好处于北半球 30°以上中高纬度的低硒地理环境带范围内。据《中华人民共和国地方疾病与环境因素图集》揭示,从东北三省起斜穿至云贵高原,占我国国土面积 72% 的地区存在一条低硒地带,其中 30% 为严重缺硒地区,粮食和蔬菜等食物含硒量极低。位于东北、华北、西北、西南、华南、华东、珠江三角洲、长江三角洲等地的大中城市都属于低硒地区。

目前,我国居民日常食物中尚达不到每人每天 40 μg 的最低硒摄入水平,尤其是缺硒地区人群更难从食物中获取足够的硒。我国微量元素与健康学会原名誉会长于若木指出:"中国是一个缺硒大国,人体补硒是关系到亿万人民的大事,我们应该像补碘那样抓好补硒工作。"中国营养学会理事长葛可佑指出:目前,我国人均补硒量应为 50 ~ 250 μ/d。科学家们郑重呼吁:若硒摄取量长期低于每日 50 μg,就容易引起包括癌症在内的多种疾病。每日适量补硒能够大大降低癌症和其他多种疾病的发生率,提高生命质量。科学补硒,刻不容缓。

三、硒在自然界中的存在形式

硒在地壳中的丰度为 0.05×10^{-6},通常极难形成工业富集。硒在生物体内的存在形式主要是硒氨基酸。在动物体内主要有两种硒氨基酸:硒代半胱氨酸和硒代蛋氨酸。在植物体内相对比较复杂,除了上述两种硒氨基酸外,还以含硒氨基酸衍生物的形式存在。Rosenfeld 和 Beath 根据植物对硒的吸收功能不同将其分为三类:原生蓄硒植物、次生蓄硒植物和非蓄硒植物。对蓄硒植物而言,硒可能作为含硫氨基酸代谢中间产物类似物存在,如硒代胱硫醚和甲基硒代半胱氨酸,而硒蛋白和硒多糖很少;对于非蓄硒植物来说,硒则主要以蛋白质和硒代氨基酸的形式存在,且大部分以硒代蛋氨酸形式存在。大蒜、洋葱、绿洋葱、细香葱等葱属植物中的硒代氨基酸主要为甲基硒代半胱氨酸,也有少量的硒代胱氨酸和硒代蛋氨酸存在,利用电喷雾质谱法也检测到了谷氨基甲基硒代半胱氨酸的存在。目前,硒的存在形式主要分为无机态硒和有机态硒。自然界中存在的无机硒主要是硒单质和硒酸盐类等。有机硒的种类复杂多样,主要为含硒蛋白质、硒多糖和硒核酸等。一般情况下,有机硒具有更高的生物学及营养学功能,且更容易被人体吸收。研究表明,硒蛋白是有机态硒的主要存在形式。现阶段含硒蛋白分类方式有三种:一是根据代谢方式不同,可以将其分为硒蛋白和含硒蛋白。其中硒蛋白为经过特殊方式,由硒代半胱氨酸组成的蛋白质,除此种形式外的统称为含硒蛋白。二是根据蛋白质的功能不同,可以将其分为结构组成类、运输硒元素类、氧化还原类等。三是根据组成结构方式不同进行分类。生物体能够通过硒多糖将硒从无机形式转化为有机形式。已有研究证实硒多糖确实存在,其不仅具有多糖的各种性质,而且能发挥硒独有的生物功能,同时它的生物活性普遍比硒和多糖单独存在时高。目前,已经可以在一些富硒植物中检测到硒多糖,其可以成为人体补硒的良好来源,硒多糖含量高的富硒植物具有广阔的开发前景。研究人员在探索硒蛋白的过程中逐渐发现硒与核酸的关系。1982 年,科研人员发现硒代半胱氨酸可以与某一tRNA 相结合,同时发现硒核酸会在生物的生化反应过程中产生。通过对金针菇的代谢研究,检测到金针菇能够在代谢转化时,将硒核酸的含硒量提高到机体有机硒含量的万分之一。深入对硒核酸的研究,能够深层提高有机硒在生物医学领域的应用水平,为人类科学合理补充硒元素提供可靠的理论基础。

四、硒与植物生长发育

土壤和大气中的硒也是植物硒的来源之一,但作为农作物而言,外源硒是最可控、最有效果的植物富硒方法。在土壤中增施硒肥或在植株叶面喷洒硒剂溶液,可有效提高植物的含硒量。大部分农作物是蓄硒植物,其中十字花科植物对硒的积聚能力最强,其次是豆科,禾本科最低。谷类中,小麦对硒的积聚最多。植物中的硒主要以有机硒化合物的形式存在。植物对硒的吸收是一个主动过程,但一些因素也会影响植物对硒的吸收。已有研究证,实硒对农作物生长和产量的提高有促进作用,因为适量的硒进入植物体内,会使过氧化物酶活性升高,增强植株体内抗氧化能力,从而提高植株的抗逆性和抗衰老能力,保证植株的正常生长。所以,在低硒地区种植水稻、玉米、小麦等农作物时,施用适量的硒可能获得增产效果。硒对植物的生长有许多好处,适宜剂量的硒对植物有益,如增强作物的耐胁迫能力、利于光合作用与呼吸作用的恢复、有助于抗氧化防御系统的增强、抑制重金属的毒害、减少脂质过氧化和活性氧的过度生成等。有研究表明,硒能促进植物的生长和光合作用;降低番茄植株对镉的吸收;抑制镉在水稻根部到地上部分的迁移;增强植物在生物和非生物胁迫中的耐受性,尤其当植物受到重金属胁迫时,这是因为施硒增加了应激反应蛋白的产生。大多数植物对硒的富集能力有限,高浓度的硒会使植物受到毒害。研究表明,在高硒水平下,硒的植物毒性通常与硒引起的植物细胞受害、氧化应激和蛋白质结构畸形有关。硒通过土壤及叶片进入作物,在土壤中和叶片上施用含硒制剂不仅可以提高作物的非生物胁迫能力,还可以促进作物的代谢生长和提高作物对养分的吸收利用,且有利于防治作物病虫害,提高作物的品质、产量。

五、富硒农业的含义及发展

我国的富硒农业种植主要以自然的富硒地为主,截至目前,已经在多个省份发现了具备富硒农业发展的自然富硒土壤,在市场对富硒农产品的需求催化下,人们对富硒地也越来越关注,从事富硒农业种植的产业也在逐步完善,很多富硒地都已经形成了特色鲜明的富硒农业种植经济。但是从整体情况来看,我国的自然富硒地数量并不是很多,目前已经发现的总面积也不是很大,土壤中硒元素含量高的更是少之又少,属于稀缺的农业生产资源。结合土壤中含硒元素的分类标准,从我国探明的富硒土壤情况可以看出,我国的富硒地大部分都属于高含量富硒土壤,只是这样的资源比较少,满足不了市场对富硒农产品的需求。因此,通过硒的生物转化的方法,利用根部施硒肥和叶面喷硒措施来发展种植业,生产富硒农产品,发展富硒特色农业,提高农产品品质,是助力农业经济创新发展的必要手段。

硒又分为无机硒和植物活性硒两种。无机硒一般指亚硒酸钠和硒酸钠,包括大量无机硒残留的酵母硒、麦芽硒,可从金属矿藏的副产品中获得。无机硒有较大的毒性,且不易被吸收,不适合人和动物使用。植物活性硒通过生物转化与氨基酸结合而成,一般以硒代蛋氨酸的形式存在,植物活性硒是适宜人类和动物使用的硒源。

目前美国、芬兰等国家已立法全民补硒。有研究报道,我国居民平均硒摄入量仅为 40 $\mu g/(d\cdot 人)$,显著低于世界卫生组织推荐的 60 $\mu g/(d\cdot 人)$。长期缺硒会影响人体中相关酶的活性及合成,导致生理功能紊乱,引起克山病、大骨节病、白内障、肝脏坏死、胰脏萎缩纤维化等多种疾病。膳食硒是人体摄入硒源的主要途径,因此通过提高作物中硒含量,来满足居民对硒的需求,解决人体缺硒问题,对保障人体健康有着重要意义,这也是硒产品作为功能农产品的主要内容的原因。2005 年,我国“预防疾病,定量补硒”全国工作会议在北京召开,正式将补硒提上政府工作议程,之后在 2008 年把富硒列入我国农业的发展方向。随着人们对健康食品需求的增加,人们补硒意识的提高,我国富硒食品市场日益兴起。近年来,我国掀起了富硒产业发展的热潮,富硒农业前景广阔。硒也是人体必需的微量元素,硒参与合成人体内多种含硒酶和含硒蛋白。其中,谷胱甘肽过氧化物酶在生物体内催化氢过氧化物或脂质过氧化物转变为水或各种醇类,消除自由基对生物膜的攻击,保护生物膜免受氧化损伤;硒还参与构成碘化甲状腺氨酸脱碘酶。随着现代生活节奏的加快,人们生活压力加大,人的身体长期处于“亚健康”状态。专家建议人体摄入硒标准应以每日 240 ~ 260 μg 最为合适,就这个数字看,单靠农产品本身的含硒量远远不能满足人体需要。中国营养学会对我国 13 个省市做过一项调查,结果表明,成人日平均硒摄入量为 26 ~ 32 μg,离中国营养学会推荐的最低限度 50 μg 相距甚远。一般植物性食品含硒量比较低,因此种植富硒农作物已经势在必行。富硒大米、富硒玉米粉、富硒青椒、富硒苹果、富硒平菇、富硒西红柿等以“富硒”为名头的粮食、蔬菜、水果等农产品悄然现市,看起来与普通农产品成色相差无几,但身价却比普通农产品高很多,其营养成分中高有机硒含量吸引消费者带动消费。

第二节 富硒农业概况

一、富硒农业的分类

一般来说,如果按照富硒农产品中硒的来源分类,富硒农业可分为天然富硒农业与外源生物强化富硒农业;如果按照富硒农业所属的农业产业类型分类,富硒农业可分为富硒种植业、富硒养殖业和富硒加工业。

(一)天然富硒农业

天然富硒农业是利用富硒地区丰富的硒资源自然生长富硒农产品。硒资源是富硒农业发展的核心因素。富硒农业的发展对硒元素具有极强的依赖性,不论是在国外还是在国内,富硒农业均是先在土壤富硒区发展,其次才能慢慢延伸到缺硒地区。我国虽然大部分地区缺硒,但也存在部分硒含量很高的地区,有效开发高硒地区的硒资源应用到全国范围,以平衡我国部分富硒区居民硒摄入过量而缺硒区居民硒摄入不足的问题至关重要。

我国拥有湖北恩施、陕西紫阳等少数几个高硒区。研究发现,土壤中硒含量与其上生长的植物硒含量有良好的相关性,因此可以充分利用高硒地区天然的土壤优势生产多种富硒农产品,如陕西紫阳的富硒茶叶、富硒柑橘、富硒菇、富硒果醋和富硒药材等;湖北恩施的富硒玉米、富硒小麦、富硒黄豆、富硒高粱、富硒甘薯、富硒烟叶和富硒茶叶等。

(二)外源生物强化富硒农业

所谓外源生物强化富硒农业,就是在土壤中硒相对缺乏的地区,可以通过外源生物强化,增施硒源来生产富硒产品。外源生物强化富硒农业主要是通过人工制造富硒环境(植物叶面喷施、动物饲料添加)和生物转化的方法来生产富硒农产品。外源生物强化富硒农业的方法包括微生物富集法、动物转化法及植物转化法。

二、富硒种植业

(一)富硒种植业分类

种植业是以土地为重要生产资料,利用绿色植物,通过光合作用把自然界中的二氧化碳、水和矿物质合成有机物质,同时把太阳能转化为化学能储藏在有机物质中。富硒种植业就是自然(或人工)环境中的硒在农作物(绿色植物)的生长过程中通过植物的生物转化作用转化为以有机硒为主的硒形态,从而生产富硒农产品的过程。富硒种植业生产的主要产品包括富硒粮食、富硒蔬菜及富硒水果等。

富硒种植业根据植物对硒的吸收能力,可分为蓄硒植物和非蓄硒植物两大类。蓄硒植物常被称为"硒指示植物",包括以下两种。

1. 原生蓄硒植物

原生蓄硒植物如黄芪属($Astragalus$)植物,含硒量常超过 1 000 μg/g。

2. 次生蓄硒植物

次生蓄硒植物如紫菀属($Aster$)植物,每克含硒量很少超过几百微克。

大部分农作物不是蓄硒植物,称之为非蓄硒植物,其含硒量都很低。

农作物中硒的主要来源是土壤中的硒,农作物对土壤中硒的吸收除了与植物种类有关,还与土壤含硒量、土壤质地、pH 值、土壤水分含量、土壤盐度等因素有关。农作物应用适当的方法富硒,不但可提高农产品的产量和品质,而且使作物的硒含量成倍增加,达到联合国卫生组织规定的人畜需硒标准。生产上农作物施硒主要有 3 种方式:拌种、叶面喷施、土壤施硒。

(二)富硒农业种植的发展方向

根据我国富硒地的分布和具体情况,在富硒农业种植的发展中,必须把握好发展方向,尽量做到物尽其用,在生产实践中,应做好以下几项工作。

1. 建立富硒农业种植基地

要发展富硒农业种植首先必须建立符合种植要求的种植基地,在富硒地适合进行农业种植的区域选择好地块,针对拟建立种植基地的区域土壤进行检测,掌握土壤的营养成分和硒元素含量范围,为日后的种植品种选择和施肥管理提供参考。富硒地确定后应科学规划并建立便于作物生长管理的现代化灌溉和施肥设施,为实现富硒农作物高产目标打下良好的基础。

2. 科学制定富硒产品品牌

在富硒农业种植发展中,除了要建立适应种植需求的种植基地,还应当科学制定富硒产品品牌,在产品品牌的设计和宣传过程中突出硒元素对人体健康的功能,打造一批具有特色的富硒产品品牌,形成品牌效应,以品牌影响力来促进富硒农业的进一步发展。

从现阶段的保健性功能农产品品牌建设情况来看,比较具有影响力的富硒农产品品牌还非常欠缺,亟待开发和推广,而一个成功的品牌往往也能够让一个产业迅速发展起来,富硒农业的发展也不例外。

3. 借力信息技术开拓市场

信息技术已经成为各个领域最重要的辅助技术,在我国现代农业的发展建设中,信息技术正在发挥着越来越大的作用。富硒农业种植作为现代化功能性农业,完全可以利用计算机和网络的优势,从种植信息选择、规划发展、基地生产管理、开拓市场等方面运用好现代化信息技术。

从现阶段的富硒农业和信息技术的融合程度来看,大部分都是利用信息技术领域的网络和电商平台来进行产品销售,借助信息技术的发展来开拓销售市场,而且已经取得了较好的经济效益。

富硒农业虽然是现代化农业中占比很小的功能性农业,但却是农业结构不断完善的必需组成部分,在现阶段的农业结构调整和转型升级环境中,富硒土壤作为重要的农业生产资料,正在被人们开发利用。富硒农业种植在我国的富硒地已经全面开展,市场上供应的富硒农产品也越来越多,相信在现代农业技术的推动下,富硒地的农业种植将会取得更好的经济效益,给人们带来更多的富硒产品。

总体来说,硒元素是人体所需的一种非常重要的微量元素,也是不可或缺的一种营养成分。人们现已深刻认识到含硒食品大力发展的重要性,市场需求不断增长,在此情况下,一定要提升富硒农业种植力度,促进功能农业产品的大力发展。

（三）富硒作物及硒的用量

1. 可以生产富硒产品的作物

粮食作物类:例如水稻、小麦、高粱、谷子、玉米、大豆、蚕豆等。

经济作物类:例如油菜、花生、甘蔗、甜菜、胡麻、油菜、茶叶、向日葵等。

水果类:例如苹果、梨、桃、杏、草莓、葡萄、李子、栗子、西梅、梅子、柑橘、荔枝、樱桃、阳桃、柚子、橙子、柠檬、香蕉、菠萝、龙眼、火龙果、柿子、石榴、西瓜、哈密瓜等。

蔬菜类:例如果菜类中的西红柿、辣椒、豆角、茄子、黄花菜等;叶菜类中的大白菜、菠菜、芹菜、油菜、香菜、菜花、芥蓝、甘蓝等;瓜菜类中的南瓜、丝瓜、冬瓜、苦瓜等;根茎菜类中的胡萝卜、白萝卜、大蒜、大葱、芜菁、莴笋、芦笋、牛蒡、马铃薯、红薯等。

药材类:根茎类、叶类、花类、果类、皮类等。

2. 不同作物硒的用量、配比浓度和喷施方法

水稻、小麦、谷子、玉米等粮食作物,在抽穗开花后的灌浆期,喷洒一次即可,即每喷雾器(30斤①水)加入有机硒肥 20 mL,每亩②使用有机硒肥 100 mL,配比 $5 \times 30 = 150$ 斤水,平均喷洒在作物的叶面即可(5桶/亩)。

苹果、梨、桃、杏、草莓、葡萄等南北生果类,在生果成熟前 20~30 d 内喷施一次,每亩用量 100~150 mL,有机硒肥的配比浓度及喷施方法同上面的粮食作物。

需要注意的是:大树、丰产树要多用有机硒肥,果实成熟期长的,实施 2 次喷洒效果更好,但需用有机硒肥的总量原则上不超过 150 mL/亩。

三、富硒养殖业

目前富硒养殖业主要包括富硒猪、牛、羊、鸡、鸭、鹅和兔等家禽、家畜,以及水产等的饲养,富硒养殖就是通过饲喂富硒饲料而使各种畜禽产品等达到富硒标准的要求,富硒饲料可以是天然富硒区生产的富含硒的植物性饲料,也可以是通过外源生物强化技术生产的富含硒的饲料。通过富硒养殖生产出来的富硒产品主要包括富硒肉类、富硒蛋类及富硒奶类等。

硒能提高动物的生长性能,改善繁殖能力,增强免疫功能,改善肉质。动物饲料添加硒与不添加硒相比,添加不同硒源均显著增加了动物肌肉中硒的含量,而且有机硒组的效果要好于无机硒组。

人工对动物添加无机硒极易引起动物中毒,所以添加的大都是像氨酸螯合硒、富硒酵

---

① 1斤 = 0.5 kg。

② 1亩 = 666.7 m²。

母、富硒藻类、硒麦芽等有机硒,不同的硒源对动物产品硒含量的影响也是不同的。

富硒作物在动物体内转化为有机硒是安全有效的,同时也增加了动物体内的微量元素。

四、富硒加工业

随着人们对生活品质和健康的不断追求,越来越多的人已经意识到缺硒的严重性,许多国家也开始重视富硒农产品的开发和研究。早在20世纪80年代,芬兰、新西兰等国家通过施用硒化肥和缓释硒化肥,已经成功提高了牧草中的硒含量,还改善了牧草营养价值。美国、加拿大等地区也研发出了富硒小麦、富硒啤酒、富硒牛奶、富硒果汁、富硒牛肉等产品来丰富富硒食品的种类,以满足不同群体的需求。

随着富硒农产品总量增加、品种丰富和消费升级的变化,富硒粮食、富硒蔬菜、富硒水果及富硒畜禽产品等逐渐向加工方向发展。富硒农产品加工具有较高的技术要求,主要包括富硒作物及动物原料标准控制、加工处理技术、添加剂和助剂、储藏及终端产品质量控制等。

近些年,我国的富硒产品种类也越来越多,如富硒谷物、富硒蔬菜、富硒水果、富硒食用菌、富硒茶叶、富硒药材等。蔬菜和水果是人们日常饮食中的必需品,不但食用方便,而且还可以为人体提供所必需的多种维生素、矿物质和膳食纤维等营养。富硒蔬菜和富硒水果的研发,既能改善人们的饮食结构,又能补充硒营养元素。谷物在人类饮食结构中占有非常重要的地位,广谱性较高,因此富硒谷物如富硒大米、富硒小麦等在富硒农产品的开发中也占有主要的地位。为了规范富硒农产品的生产,农业农村部对富硒农产品制定了相关的标准。

传统的富硒粮食、富硒粮油产品、富硒肉禽产品、富硒干鲜果、富硒蔬菜、富硒茶、富硒食用菌等富硒产品产业化水平较高;技术、资金含量较高的富硒饲料及饲料添加剂、硒矿粉和硒复混生物有机肥、富硒营养剂、富硒中药材、富硒保健品产业等亦有一定的规模。但是,我国富硒加工业发展整体尚处于起步阶段,规模小、产业化水平低,以粗加工为主。

五、富硒食品功效

富硒加工业生产的富硒食品,除有一般食品皆具备的营养功能和感官功能外,还具有一般食品所没有的调节人体生理功能的作用。因此,富硒食品应是含硒丰富、能提高某些特定人群硒营养水平且安全无毒无不良作用的饮食制品。

(一)硒与免疫力

硒是人体必需的微量元素,在各种具有免疫调节功能的营养素(包括维生素C、维生素E、维生素A、锌、镁等)中是目前已知的唯一与病毒感染有一定直接关系的营养素。除此之外,硒可以增强人体免疫系统调节能力,一定程度阻止病毒突变,降低多种病毒性感染性疾病的发生率,因此硒被称为调节机体免疫力的"能手"。

(二)硒与病毒

硒对病毒性感染疾病具有防治作用。反转录病毒含有编码硒蛋白的 UGA 密码子,在病毒复制过程中,硒的需求量增加导致硒缺乏并产生毒害宿主细胞的氧自由基,继而致使病毒基因组出现氧化性损害,诱导增加病毒致病性的突变。大量临床采样研究表明,适量补硒可帮助降低某些病毒性感染疾病的发生率。

(三)如何补硒

比起补硒类的保健品,专家更建议消费者选择天然富硒农产品。天然富硒土壤生长、种植、加工出来的农产品中硒元素的形态是有机硒,是人体安全、高效补硒的最佳来源。硒元素利用农作物转化过程改变了存在形式,即由无机的硒酸盐转化为蛋白硒存在于农产品中,变药补为食补,既科学又安全。

随着人们生活水平的提高,一日三餐已经离不开蔬菜,而且蔬菜的日平均消费量不断增加。因此,富硒蔬菜是一种最好的补硒方式。富硒蔬菜除了具有补硒功能外,还可提供人体所必需的多种微量元素和维生素。人工种植的富硒蔬菜需要对蔬菜根部施以硒肥或叶面喷施硒肥。富硒蔬菜中的硒含量需达到一定标准。

俗话说"每天一苹果,医生远离我",可见苹果对我们的健康大有助益。苹果性味温和,营养均衡、丰富,也是我们日常生活中比较常见的一种水果,被誉为北方水果之王。富硒苹果具有很高的营养价值。

(1)富硒苹果中的胶质和微量元素铬能保持血糖的稳定,还能有效降低胆固醇含量;

(2)在空气污染的环境中,多吃苹果可改善呼吸系统和肺功能,保护肺部免受污染物和烟尘的影响;

(3)富硒苹果中含有的多酚及黄酮类天然抗氧化物质,可以降低肺癌的发生率,预防铅中毒;

(4)富硒苹果特有的香味可以缓解压力过大造成的不良情绪,还有提神醒脑的功效;

(5)富硒苹果中富含粗纤维,可促进肠胃蠕动,协助人体顺利排出废物,减少有害物质对身体的危害;

(6)富硒苹果中含有大量的镁、硫、铁、铜、碘、锰、锌、硒等微量元素,可使皮肤细腻、红润、有光泽。

大米是人们生活中的主食,多数人会选择口感佳的高品质大米。现代人为了吃得更加健康,推崇食用富硒产品,因此富硒米备受人们的喜爱。

综上,人们对农产品、食品的需求已不仅仅停留在解决温饱、确保安全的阶段,而是有了更高要求,希望其集功能化、营养化、健康化于一体。不仅蔬菜、水果、水稻可以富硒,茶叶、虫草、小麦等都可以富硒。因此,富硒农产品产业发展前景广阔,居民消费观念的升级可带动该产业发展。

六、富硒农业的特征

富硒农业的发展对生物技术具有较强的依赖性。富硒农业其实就是将环境中的硒通过一定的生物转化作用转化为对人体有益的有机硒形态。在富硒区与缺硒区对富硒技术的要求存在着一定的差异。富硒区主要是控制富硒农产品硒含量的稳定及降低重金属含量;缺硒区也需要控制农产品中硒含量的稳定性,更重要的是对硒营养强化剂的开发,包括植物所需的富硒肥及动物所需的富硒饲料。不同形态的硒对作物或动物的效果不同，每一种作物或动物对硒的吸收及转化效率都存在着较大差异,因此在一种硒营养强化剂投入市场之前,需要进行大量的科学试验。

富硒农业属于功能农业,与人体健康息息相关。随着我国部分慢性病的发病率逐渐增加,以及我国呈现的人口老龄化趋势,人们不再只满足于基本的温饱问题,而是越来越关注健康营养功能农产品的开发。

硒是人体不可缺少的微量元素,它是直接、有效、安全的自由基清除剂。如果人体缺硒,会导致人体内环境失常,免疫力下降并诱发多种疾病,严重危害人体健康。

现代化大背景下成长起来的常规农业处于激烈竞争的环境下,走的是一条"谷贱伤农"、不可持续的农业发展道路。而富硒农业是劳动密集型产业,能够从根本上提高农产品价格,从而从整体上提升农业产值与效益。一方面,随着富硒农业道路的拓展,富硒农产品大量上市,将使得在城务工的部分农民工在权衡利益基础上,理性回归乡村,从根本上增强农村牧区活力;另一方面,因富硒农业兴起,农民收入稳步增长,将为农村牧区社会经济繁荣奠定坚实基础,吸引一批有知识、有能力的建设者加入农村建设队伍,从而从根本上促进农村牧区繁荣、城乡和谐与国家社会经济可持续发展。

七、我国富硒农业产业化发展现状

目前,全国各地掀起了富硒开发热潮。我国富硒农业发展较好的地区有湖北恩施、陕西安康、贵州开阳、浙江龙游、山东枣庄、青海平安、湖南桃源等地区。湖北恩施生产的富硒产品有富硒大米和杂粮、富硒果品、富硒蔬菜、富硒茶、富硒莲子酒及富硒保健品等。陕西安康著名富硒产品有富硒黑茶、富硒魔芋;四川万源著名的富硒产品有富硒茶、富硒杂粮、富硒猕猴桃;贵州开阳著名的富硒产品有富硒大米、富硒菜籽油;浙江龙游著名的富硒产品有富硒莲子酒、富硒茶油;山东枣庄著名的富硒产品有富硒大枣、富硒苹果;青海平安著名的富硒产品有富硒紫皮大蒜、富硒青稞面;其他著名富硒区及富硒产品还有湖南桃源富硒大米和富硒茶油、山西朔州富硒芥米、贵州六盘水富硒萝卜干、河北邯郸富硒冬枣、河北牟平富硒苹果、安徽桐城富硒蛋白粉等。

我国富硒农业产业化发展尚处于起步阶段,规模小、产业化水平低,以粗加工为主。大面积富硒地区的恩施、安康等地富硒产品的开发层次较高,传统的富硒粮食、富硒粮油产品、富硒肉禽产品、富硒干鲜果、富硒蔬菜、富硒茶、富硒食用菌等富硒产品产业化水平较高;技术、资金含量较高的硒蛋白片、富硒饲料及饲料添加剂、硒矿粉和硒复混生物有机肥、富硒营养剂、硒藻类、富硒中药材、富硒保健品等亦有一定的规模。

我国富硒产业的整体规模仍然较小,龙头企业仍然不多,富硒农业产业化水平仍然不高。如陈绪敖在对安康富硒农业产业发展研究中指出,安康富硒生产的优势尚没有转化成经济优势,生产的富硒产品表现出规模产量较大,但名特优质产品少;初级加工和粗加工多,而精深加工少;采用传统工艺和落后设备的多,采用高新技术和先进设备的少;产品品牌混杂,质量良莠不齐,符合高标准、高质量要求的产品少等。虽然全国各地涌现出富硒产品,但严格来说许多地区未必达到富硒产品标准,不一定能够发展壮大。

第三节 黑龙江省土壤硒分布

　　植物中的硒是人和动物摄入硒营养的主要来源,植物对硒的吸收主要来源于土壤。我国存在一条从东北地区向西南方向经过黄土高原再向西南延伸到西藏高原的低硒带,而黑龙江省位于全国低硒带的始端,是我国缺硒比较严重的省份之一。2013—2014 年科研人员对黑龙江省大兴安岭山地、小兴安岭山地、东南部山地、松嫩平原和三江平原 5 个自然地理区域具有代表性的土壤进行全硒含量测定,结果显示不同地理区域土壤硒含量差异极大,其中小兴安岭山地(硒含量平均值 0.198 mg/kg)土壤硒含量显著高于其他地区,其他地区土壤硒含量由高到低依次为东南部山地(硒含量平均值 0.137 mg/kg)、三江平原(硒含量平均值 0.137 mg/kg)、松嫩平原(硒含量平均值 0.131 mg/kg)和大兴安岭山地(硒含量平均值 0.115 mg/kg)。不同行政市中土壤硒含量也具有明显差异性,黑龙江省以黑河市土壤全硒含量最高(0.097 ~ 0.660 mg/kg),大兴安岭地区土壤全硒含量最低(0.014 ~ 0.210 mg/kg)。2012 年黑龙江省农业地质调查在两大平原发现了两条富硒土壤带,随后黑龙江省国土资源厅组织实施开展中大比例尺(1:5 万)专项富硒土地调查评价工作,其中松嫩平原富硒土壤带核心区域的海伦市约有 3 966 km² 农耕地表层土壤硒元素含量在 0.002 ~ 0.870 mg/kg,93.87% 的农耕土壤为足硒土壤,4.99% 的土壤为富硒土壤,几乎不存在硒潜在不足和缺硒土壤,无硒中毒地区。松嫩平原南部表层土壤中硒含量为 0.204 mg/kg,达到了中等程度,处于低硒带分布区。绥棱县农田土壤以足硒为主,足硒土壤占比 88.00%,富硒土壤占比 3.90%,硒潜在不足土壤占比 7.24%,缺硒土壤占比 0.86%。五常市东部优质水稻种植区土壤低硒和缺硒土壤面积占90.37%,足硒土壤面积占 9.48%,富硒土壤面积仅占 0.15%。克山县土壤表层硒元素含量低于全国平均值,足硒土壤面积达 93.95%,硒含量不足或缺硒土壤面积占 62.62%。讷河市表层土壤硒含量低于全国和世界土壤平均值,高于黑龙江省和东北平原平均值,以足硒为主,足硒土地面积占比达 84.21%。被誉为"中国富硒大米之乡"的方正县,其土壤全硒含量为 0.030 ~ 0.496 mg/kg,黑龙江省的富硒水稻主产区绥滨县土壤硒含量集中在 0.175 ~ 0.400 mg/kg,地处三江平原腹地富硒"核心区"的宝清县,拥有近 6 000 km² 富硒区域,富硒土壤含量为 0.300 ~ 0.400 mg/kg。

　　根据我国硒元素生态景观安全阈值对土壤硒效应进行划分:缺硒土壤(≤0.125 mg/kg)、边缘硒土壤(0.125 ~ 0.175 mg/kg)、中等硒土壤(0.175 ~ 0.4 mg/kg)、高硒土壤(0.4 ~ 3 mg/kg)、过量硒土壤(≥3 mg/kg)。黑龙江省大兴安岭地区、大庆市、佳木斯市含盐碱土、风沙土和针叶林土属于缺硒土壤,处于硒缺乏区;伊春市、黑河市多为暗棕壤,土壤硒含量相对较高,属于中等硒土壤;其他地区为边缘硒土壤,属于硒潜在缺乏区。

第二章 黑龙江省水稻优质高效富硒技术进展

第一节 水稻外源施加硒的富硒技术研究进展

一、外源施用硒肥类型

富硒土壤种植的水稻其籽粒中的硒含量缺乏稳定性,不能满足市场需求。因此,外源硒的施用对富硒地区局限性的突破,以及水稻籽粒硒含量增加的稳定性和大规模种植生产具有重大意义。

按照硒肥成分分类,水稻外源硒肥主要分为无机硒肥和有机硒肥。无机硒肥中硒酸盐(硒酸钠)、亚硒酸盐(亚硒酸钠)和硒矿粉等应用较为广泛。叶面喷施硒肥亚硒酸钠对水稻具有增产作用并且能够提高籽粒硒含量。近年来,黑龙江省农业科学院采用高新技术研制了一种含硒固体叶面肥富硒增产剂,为作物提供充足、均衡的营养,起到提硒改质增产的效果。由于土壤中的硒被植物吸收后会转化为可利用的有机硒蛋白,植物对有机硒的利用率也相对较高,因此富硒水稻栽培也会施用亚硒酸钠加入发酵腐熟或未腐熟的有机肥料制成的有机硒肥。有机硒肥的使用能同时达到富硒和增产的效果,并且有机硒不会对土壤与水体造成二次污染,有利于精准提升稻米含硒量,促进优质富硒稻米的绿色生产。2001年,黑龙江省大面积推广使用的叶面喷施类液体肥料富硒康(含硒制剂、腐殖酸、氨基酸及各种营养元素)应用于水稻生产中,具有富硒功能,分蘖期和齐穗期喷施可促进水稻生产、改善品质,孕穗期至出花期叶面喷施能够预防扬花期低温造成的黑粒、瘪粒、瞎穗、晚熟等。另外,黑龙江省水稻生产中也可在叶面喷施富硒有机肥,水稻秧苗始穗期第一次喷施,齐穗期时可再次喷施富硒有机叶面肥,同时也可配合有机硅喷雾器进行混合使用喷洒出雾状液体,以提高硒的有效吸收。

二、水稻外源富硒方式与研究进展

水稻种植能够实现土壤无机硒向更易被人体吸收利用的有机硒的转化,利用人工外源施硒提高水稻的硒含量,并将无机态硒转变为对人体有益的有机态硒,间接达到提高人体硒含量的目的,对人体补硒有着重要的意义。因此,应科学用好富硒叶面肥或土施富硒生物有机肥,因地制宜确定叶面补硒用量或土壤施用富硒生物有机肥的用量,促进生物将硒元素转化为硒营养。

当前水稻外源施硒的方式主要包括拌种、土壤喷硒和叶面施硒。土壤施硒即直接向土壤施用硒肥的方式提高作物的硒含量,但是土壤施硒容易造成严重的土壤污染,且不容易达到富硒标准,利用率并不高。拌种是通过使用硒肥拌水稻种子的方式增加植物硒含量,不易操作,且用量无法精确掌握,过量易造成作物减产甚至绝产,而稻米中硒含量若过高,又会对人体有害。叶面喷硒是一种安全、简单、易操作的方法。黑龙江省富硒水稻栽培外源硒肥施用以叶面硒肥为主,将硒逐渐渗透在水稻中,并通过水稻自身的反应变化转化为能够被人体吸收的有机硒,从而减少土壤因素对施硒效率的影响,进而降低硒的施用量。而水稻施用有机硒不会对土壤和水体形成二次污染,且能够精准地提高大米的有机硒含量,从而达到优质、绿色、安全的目的。

黑龙江省农业科学院提出的"水稻提质增效营养富硒技术"经多年多地对多个品种开展推广应用和示范,效果显著,在水稻育苗期和扬花末期叶面喷施生物活性硒营养液能够显著提高稻米的硒含量,同时增产、抗病抗逆、抗倒伏、促早熟、提升外观品质和食味值、增加出米率,深受农户、企业和消费者的好评,开辟了政府提倡的水稻提质增效、农民持续增收、企业持续增效和水稻产业链不断延伸的良好局面。其研制的富硒增产剂,始穗期每公顷施用 2 250 g,在富硒丰产增效等方面效果显著,先后在五常市、七台河市、富锦市、饶河县、明水县等地应用,示范效果明显。

一是增产增收,效益高。"提质增效营养富硒技术"具有抗病、抗倒伏、抗重金属和降解农药残留的优点,可减少农药化肥施用量,保护了生态环境,大大促进了农产品产量和品质的提升,使富硒农产品口感好、市场好、附加值高,实现了农户从"种得好"向"卖得好"的转变。

二是提质增效,促增收。"提质增效营养富硒技术"推动了农业企业的大力发展,优质的富硒农产品备受消费者青睐,提升了企业市场竞争力,经济效益显著,为当地政府增加了税收。

三是绿色健康,保安全。通过"提质增效营养富硒技术"为广大消费者提供了绿色、安全、放心的农产品,解决了市场上富硒农产品紧缺的问题。

四是示范引领,可推广。未来,黑龙江省农业科学院将持续推进"树典型、推模式、可复制"的成果转化新模式,引导更多的种植基地转型升级,助力乡村振兴,进一步促进农民增收、企业增效、人民增寿、政府增税。

第二节　富硒水稻田间管理研究进展

一、合理密植

合理密植是水稻增产的重要途径之一。根据当年的气候确定插秧时间,插秧过早因天冷不易缓苗。根据经验,插秧时最好根据天气情况,选择无风高温天气,利用水稻自身调节能力和分蘖特性,充分发挥光照、水、肥、气、热等效能,减少水稻与杂草间的竞争,使植株生长协调、发育健壮,进而达到富硒水稻高产的目的。根据品种分蘖特性确定插秧规格:分蘖力中等的品种,插秧密度宜采取 30.0 cm × 10.0 cm 行株距,每穴 5 ~ 6 株;分蘖力较强的品种,插秧密度宜采取 30.0 cm × 13.3 cm 行株距,每穴 4 ~ 5 株。插秧时做到行直、穴匀、不窝根,插秧深度不超 2 cm,要浅栽摆栽,边拔边栽,不栽隔夜苗,提高秧苗成活率。

二、科学施肥

水稻富硒栽培是利用生物强化的原理,生产出高硒含量的稻米。富硒大米的主要生产途径有两种:一种是在水稻生长过程中进行外源喷施,经过生物转化,把无机硒转化为有机硒,并贮存在水稻中,以便于人体吸收;另外一种就是当地土壤含硒量丰富,生产出来的水稻自然含硒。黑龙江省土壤环境处于低硒带,因此以外源施硒为主。科学施肥是实现水稻高产稳产、绿色增效的重要措施。按照水稻需肥要求提高肥料利用率,依据"因土施肥,看地定量"的方法,合理调整肥料三要素与硒等中微量元素的用量,充分发挥水稻的富硒与增产潜力,最大限度提高经济效益。如若施肥不科学,不仅会加大成本,同时还会带来环境和地下水源的污染。黑龙江省方正县富硒水稻栽培中全生育期内控制氮肥,增加磷肥、钾肥的投入,7 月中旬追施尿素,施用总量15% 的尿素钾肥和总量30% 的钾肥做穗肥,并于水稻抽穗期至灌浆期(7 月下旬至 8 月中上旬)早晨进行叶面喷施,且需天气晴朗无风。

三、间歇灌溉

水在水稻生长各个阶段极为重要,科学的水浆管理不仅能提高稻米的产量,还能提升水稻质量。水稻各生长发育期需水量不尽相同,结合生产实际,采用科学合理的灌溉技术高效利用水资源,既能保证水稻生育期的需水要求,又能提高水稻的产量和稻米品质。黑龙江省第二积温带水稻绿色栽培中,在插秧后到返青前灌苗高2/3 深的水层;有效分蘖期灌 3 cm 浅水,末期进行排水晒田,晒田达到池面有裂缝,晒 5 ~ 7 d 后恢复水层;孕穗至抽穗前,灌水 4 ~ 6 cm,水稻减数分裂期遇到 17 ℃以下低温灌水 18 ~ 20 cm;抽穗扬花期灌水 5 ~ 7 cm,灌浆到蜡熟间歇灌水。富硒水稻种植中也应注意间歇灌溉、适时晒田,颖壳黄熟后撤水,以增强植株抗病抗逆能力,提高结实率。

黑龙江省绥棱县富硒水稻栽培要求间隙灌溉,生长阶段保持浅水,有助于分蘖的发生和生长,加快形成高产所需的群体基础,促进分蘖。当田间群体达到适宜穗数的 80% 时开始烤田,以控制无效分蘖的发生,促进有效分蘖的生长,提高成穗率,同时减轻纹枯病的危害,增强植株抗倒伏能力,延长生殖生长时间,促长大穗。在幼穗分化开始前及时复水,复水后坚持间隙灌溉,保证灌浆阶段籽粒充实,直到蜡熟期方可断水。

四、绿色植保

黑龙江省优质富硒水稻栽培采取生物防治、物理防治和化学调控等环境友好型防控技术措施来防控病、虫、草等。"预防为主,综合防治",积极采取各种有效的措施,提高富硒水稻的抗性及经济效益。优质水稻多数后期绿叶面积大,植株糖分含量高,易受病虫危害,农业生产中可使用诱虫板或诱捕器杀虫,插秧结束后将诱虫板固定在竹竿上,距离水面 10 cm 插入水稻田,放置数量为 225 个/hm^2;或在水稻田距离水面 90 cm 处插入性信息素诱捕器,放置数量为 15 ~ 45 个/hm^2;或采用鸭稻共养的方式防治害虫。抽穗始期及齐穗后及时防治稻瘟病、纹枯病,选择广谱、高效、低毒、低残留、残留期短的药剂进行防治,不要施用有机磷类农药(如甲胺磷、水胺磷、久效磷、氰戊菊酯、氧化乐果、呋喃丹等),最好施用生物农药。此外,在稻田除草剂的选择方面,不能使用甲磺隆、除草醚等。

第三章　黑龙江省水稻提质增效营养富硒技术研究

第一节　移栽水稻提质增效营养富硒技术研究

一、研究目标

我国是一个水稻种植大国,大多数人以大米为主食,因此大米成为人体非常重要的硒摄入源。然而我国大部分地区为缺硒地带,种植出来的大米中硒含量也相应较低,因此通过施用外源硒来增加大米中硒含量,以改善人体对硒的需求非常必要。

通过机械化插秧提质增效富硒技术研究,可以将普通水稻升级为功能性富硒水稻,满足人们的健康需求。同时富硒大米的价格和产量均高于普通大米,能够达到农民增收、脱贫致富的目的。研究黑龙江省水稻提质增效营养富硒技术,可为哈尔滨市及黑龙江省内其他地区水稻种植(优质化栽培)提供可复制、可推广的运行机制和"农作物提质增效营养富硒技术"模式,为推动黑龙江省农业科技发展开通绿色通道,按下快捷键,开辟新途径。

二、研究方法

(一)水稻生物活性壮苗剂的功能

水稻生物活性壮苗剂是以生物活性物质为核心,同时聚合多元生物有机酸、氨基酸、各种微量元素组成的水稻壮苗营养液,能促进秧苗根系有机酸的分泌,在根系周边形成微酸环境,保持秧苗循环体系的畅通,明显增强秧苗吸收养分的能力。

(二)施用方法

1. 苗期施用

在水稻苗期一叶一心、二叶一心、三叶一心喷施生物活性水稻壮苗增效剂各一次,用量为 50 倍稀释(1 瓶 300 mL 兑水 15 kg)叶面喷施,无须洗苗。

2. 大田施用

在苗期施用生物活性壮苗剂的基础上,在孕穗期、扬花期喷施生物活性硒营养液各一次,用量为 1 kg/hm²,兑水 80 kg,用无人机均匀喷施。

（三）调查项目

对水稻苗期秧苗素质、大田水稻抗性、米质、产量、硒含量、农药残留量、重金属含量进行调查和分析,以及对生物活性硒水稻与未喷硒对照水稻的基因转录组进行分析,明确富硒提质增效机理,构建"农作物提质增效营养富硒技术"模式。

三、研究结果

（一）生物活性水稻壮苗剂对水稻早期表观影响

1. 对水稻苗期的影响

通过对不同地区、不同品种、不同施用时期的秧苗进行取样调查,得出结果:使用生物活性壮苗剂的处理组与对照组相比,茎基部宽度,叶片宽度,整株干鲜重,茎叶、根干鲜重都有不同程度增加,使用生活性壮苗剂的秧苗素质明显优于对照组(图 3 – 1、图 3 – 2)。

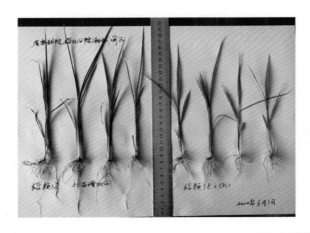

图 3 – 1　2020 年 5 月 25 日苗期第 3 次喷施秧苗长势(黑龙江省农业科学院绥化分院)

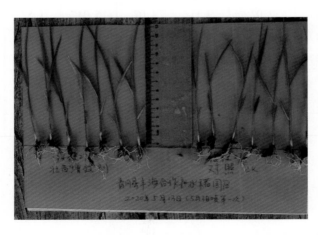

图 3 – 2　2020 年 5 月 3 日苗期喷施 1 次秧苗长势(青冈县丰海合作社水稻园区)

试验1:对兰西县临江镇荣河村不同品种的水稻(龙稻18和龙稻363)进行试验(表3-1、表3-2、图3-3),结果表明:使用生物活性壮苗剂的处理组与对照组相比,龙稻18和龙稻363两个品种的茎基部平均宽度、整株鲜重、根鲜重、茎叶鲜重、整株干重、根干重、茎叶干重都有不同程度增加,使用生物活性壮苗剂的秧苗素质明显优于对照组。

表3-1 兰西县临江镇荣河村水稻苗期素质调查(2021年5月11日,龙稻18)

样本:龙稻18 (处理对照各三次重复)	茎基部平均 宽度/mm	整株鲜重 /g	根鲜重 /g	茎叶鲜重 /g	整株干重 /g	根干重 /g	茎叶干重 /g
壮苗剂处理一(50株)	2.29	11.79	4.70	7.07	2.39	0.79	1.60
壮苗剂处理二(50株)	2.32	11.91	4.89	7.02	2.41	0.79	1.62
壮苗剂处理三(50株)	2.33	11.97	4.89	7.08	2.40	0.76	1.64
对照(CK)一(50株)	2.05	9.04	4.03	5.01	1.85	0.70	1.15
对照(CK)二(50株)	2.07	9.74	4.48	5.26	1.87	0.72	1.15
对照(CK)三(50株)	2.10	10.26	4.77	5.49	2.05	0.76	1.29
壮苗剂处理平均值	2.31	11.89	4.83	7.06	2.40	0.78	1.62
对照(CK)平均值	2.07	9.68	4.43	5.25	1.92	0.73	1.20
增幅/%	11.6	22.8	9.0	34.5	25.0	6.8	35.0

表3-2 兰西县临江镇荣河村水稻苗期素质调查(2021年5月11日,龙稻363)

样本:龙稻363 (处理对照各三次重复)	茎基部平均 宽度/mm	整株鲜重 /g	根鲜重 /g	茎叶鲜重 /g	整株干重 /g	根干重 /g	茎叶干重 /g
壮苗剂处理一(50株)	2.38	11.86	4.72	7.14	2.37	0.74	1.63
壮苗剂处理二(50株)	2.46	12.54	5.51	7.03	2.49	0.83	1.66
壮苗剂处理三(50株)	2.39	11.98	4.78	7.20	2.39	0.75	1.64
对照(CK)一(50株)	2.02	9.11	4.07	5.04	1.82	0.67	1.15
对照(CK)二(50株)	2.17	9.91	4.58	5.33	1.86	0.72	1.14
对照(CK)三(50株)	2.17	10.30	4.78	5.52	2.09	0.78	1.31
壮苗剂处理平均值	2.41	12.13	5.00	7.12	2.42	0.77	1.64
对照(CK)平均值	2.12	9.77	4.48	5.30	1.92	0.72	1.20
增幅/%	13.7	24.2	11.6	34.5	26.0	6.9	36.7

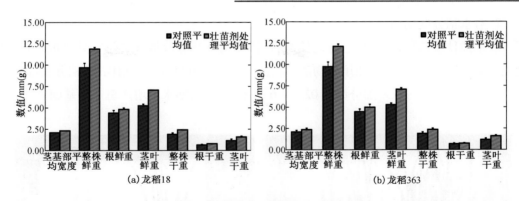

(a) 龙稻18　　　　　　　　　　　(b) 龙稻363

图 3-3　兰西县临江镇荣河村水稻苗期素质调查(2021 年 5 月 11 日)

试验 2:2020 年 6 月 11 日,黑龙江省农业科学院民主园区种植的中龙粳 100 进行生物活性壮苗剂试验(表 3-3、图 3-4),结果表明:使用生物活性壮苗剂的茎基部宽、四叶宽、三叶宽、整株鲜重、根鲜重、茎叶鲜重、整株干重、根干重、茎叶干重均有不同程度的增加。

表 3-3　黑龙江省农业科学院民主园区水稻苗期素质调查(2020 年 6 月 11 日,中龙粳 100)

水稻品种: 中龙粳 100	茎基部宽 /mm	四叶宽 /mm	三叶宽 /mm	整株鲜重 /g	根鲜重 /g	茎叶鲜重 /g	整株干重 /g	根干重 /g	茎叶干重 /g
壮苗剂处理 (50 株)	3.09	4.89	3.75	25.2	6.31	18.89	5.25	1.14	4.11
对照(CK) (50 株)	2.92	4.5	3.54	22.16	5.86	16.38	4.83	1.1	3.73
增幅/%	5.8	8.7	5.9	13.7	7.7	15.3	8.7	3.6	10.2

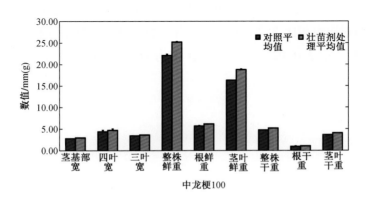

中龙粳100

图 3-4　黑龙江省农业科学院民主园区水稻苗期素质调查(2020 年 6 月 11 日)

2. 对水稻分蘖期的影响

水稻插秧缓苗后,对水稻进行定位试验,持续调查其分蘖情况。每个处理取 1 m²,并设置重复。通过田间调查,使用生物活性壮苗剂的处理组与对照组相比,水稻分蘖都有增加(图 3 - 5),平均每株增加分蘖 0.02 ~ 1.6 个不等,为后期水稻增产奠定了基础。

图 3 - 5　施用生物活性剂插秧后田间定位分蘖表现

试验 3:水稻插秧缓苗后,对水稻进行定位试验,持续调查其分蘖情况。2020 年 6 月 11 日对通青冈县兴华镇泉村水稻种植园区的 3 个农户(温家良、孙信、丰海合作社)进行调查,不同试验样地的每个处理取 1 m²,并设置重复。通过田间调查,使用生物活性壮苗增效剂的处理组与对照组相比,3 个地点的水稻分蘖数在使用生物活性壮苗增效剂后均有增加,平均每株增加分蘖 0.02 ~ 1.6 个。在丰海合作社调查的每穴分蘖数差异显著(表 3 - 4、图 3 - 6)。

表 3－4　青冈县兴华镇通泉村水稻种植园区喷施壮苗增效剂苗期素质调查（2020 年 6 月 11 日）

调查地点	平均值	壮苗剂处理			对照			备注
		每穴株数	每穴分蘖数/个	平均每株分蘖数/个	每穴株数	每穴分蘖数/个	平均每株分蘖数/个	
温家良	一区平均值	8.04	7.55	0.94	7.47	6.21	0.83	插秧期:5 月 23 日 返青期:5 月 31 日 株高:37 cm 插秧规格:9 寸① × 3 寸
	二区平均值	7.20	6.05	0.84	7.29	5.67	0.78	
	三区平均值	7.17	6.03	0.84	7.14	5.88	0.82	
	3 个区平均值	7.47	6.54	0.88	7.30	5.92	0.81	
孙信	一区平均值	5.63	7.82	1.39	5.18	7.96	1.54	插秧期:5 月 23 日 返青期:5 月 31 日 株高:37 cm 插秧规格:9 寸×3 寸
	二区平均值	4.85	7.94	1.64	5.06	6.98	1.38	
	三区平均值	4.90	6.93	1.41	4.63	6.81	1.47	
	3 个区平均值	5.13	7.56	1.40	4.96	7.25	1.46	
丰海合作社	一区平均值	8.44	7.11	0.84	7.62	6.31	0.83	插秧期:5 月 20 日 返青期:5 月 29 日 株高:38 cm 插秧规格:9 寸×3 寸
	二区平均值	8.31	7.10	0.85	7.92	6.26	0.79	
	三区平均值	7.66	6.67	0.87	7.49	6.38	0.85	
	3 个区平均值	8.14	6.96	0.86	7.68	6.32	0.82	

注:①1 寸 = 3.33 cm。

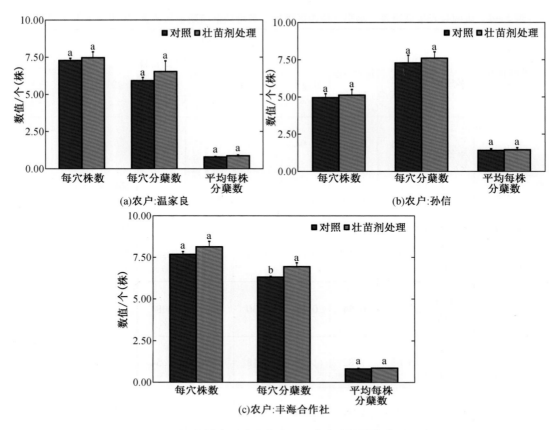

图 3-6　通泉村水稻种植园区不同农户水稻苗期素质调查

试验 4：在黑龙江省农业科学院民主园区进行水稻秧苗喷施生物活性壮苗剂对分蘖的影响试验。选用龙稻 363，分为 A、B、C 三区，均为常规人工插秧（每穴株数不定）；中龙粳 100，每穴单株插秧。处理组为水稻苗期使用生物活性水稻壮苗剂（一叶一心、两叶一心、三叶一心各喷施一次），对照组为育苗期未使用生物活性水稻壮苗剂。分别于 6 月 10 日、6 月 19 日、6 月 24 日进行秧苗分蘖情况调查。通过表 3-5 可知，两个品种处理组在不同时期的分蘖数均明显高于对照组，且在 6 月 24 日水稻分蘖盛期的单株分蘖数差异显著。

表 3-5　黑龙江省农业科学院民主园区喷施生物活性壮苗剂秧苗素质调查

样本	调查日期						
	5 月 31 日秧苗株数	6 月 10 日总蘖数/个	6 月 19 日总蘖数/个	6 月 24 日总蘖数/个	6 月 10 日每株平均分蘖数/个	6 月 19 日每株平均分蘖数/个	6 月 24 日每株平均分蘖数/个
龙稻 363 - A 区处理	237	506	742	831	1.1	2.1	2.5
龙稻 363 - A 区对照	273	503	764	848	0.8	1.8	2.1

表 3 – 5（续）

样本	调查日期						
	5月31日秧苗株数	6月10日总蘖数/个	6月19日总蘖数/个	6月24日总蘖数/个	6月10日每株平均分蘖数/个	6月19日每株平均分蘖数/个	6月24日每株平均分蘖数/个
龙稻363 – B区处理	299	629	860	1103	1.1	1.9	2.7
龙稻363 – B区对照	289	498	758	989	0.7	1.6	2.4
龙稻363 – C区处理	262	394	648	857	0.5	1.5	2.3
龙稻363 – C区对照	290	368	613	722	0.3	1.1	1.5
中龙粳100（单株）处理	50	156	271	482	2.1	4.4	8.6
中龙粳100（单株）对照	50	118	241	391	1.4	3.8	6.8

（二）生物活性水稻壮苗剂对水稻早期表观影响机理分析

为进一步研究生物活性硒对水稻的影响，我们对应用生物活性硒的水稻与对照水稻进行了基因转录组分析，得出如图 3 – 7 所示的 6 个结果。

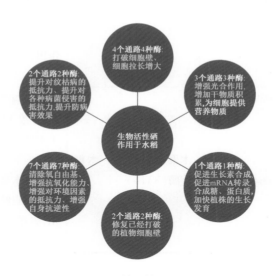

图 3 – 7 基因转录组分析

影响一：稻苗 K05350、K01188、K01179、K15920 这 4 个通路的相关基因表达量相比对照组极显著提高，进而促使 β – 葡萄糖苷酶、内切葡聚糖酶、1,4 – β – 木糖苷酶的活力大幅度提升，这 3 种酶的功能是降解细胞壁中的纤维素，导致植物细胞壁被破坏，为细胞的增大提供了先决条件（表 3 – 6）。

表 3 – 6　基因组转录分析(影响一)

通路	基因 ID	调控蛋白(酶)	壮苗剂 VS 对照
K05350	Os08g0245200 Os08g0448000 Os01g0901600 Os07g0280200 Os02g0697400	4 – 香豆酸酯 – CoA 连接酶	该通路基因的综合表达量显著提高,导致 4 – 香豆酸酯 – CoA 连接酶活力提升
K01188	Os09g0491100 Os06g0320200 Os10g0323500 …… 共 12 个基因	β – 葡萄糖苷酶	该通路基因的综合表达量显著提高,导致 β – 葡萄糖苷酶活力提升
K01179	Os06g0256900 Os09g0530200 Os04g0497200 Os02g0733300 Os03g0736300	内切葡聚糖酶	该通路基因的综合表达量显著提高,导致内切葡聚糖酶活力提升。内切葡聚糖酶是纤维素酶系最主要的成分,可以将可溶性纤维素水解成还原性的寡糖。这一功能对于打破植物细胞壁的纤维素结构有重要作用,为细胞体积增大提供了先决条件
K15920	Os01g0296700 Os04g0640700	木聚糖 1,4 – β – 木糖苷酶(XYL4)	该通路基因的综合表达量显著提高,导致 XYL4 活力提升。XTL4 属于木聚糖酶系,其功能主要是降解半纤维素中最常见及含量最高的组分——木聚糖。这一功能对于打破植物细胞壁的纤维素结构有重要作用,为细胞体积增大提供了先决条件

　　影响二:稻苗 K00025、K00026、K00695、K01087 这 4 个通路的相关基因表达量相比对照组极显著提高,进而促使苹果酸脱氢酶、蔗糖合酶、海藻糖 6 – 磷酸酶的活力大幅度提升,这 3 种酶的功能是加强光合作用效率、促进干物质积累,为细胞壁已经破碎的细胞提供营养物质(表 3 –7)。

表 3 - 7　基因组转录分析（影响二）

通路	基因 ID	调控蛋白（酶）	壮苗剂 VS 对照
K00025	Os04g0551200	苹果酸脱氢酶（MDH1）	该通路基因的综合表达量显著提高，导致 MDH1 活力提升
K00026	Os05g0574400		
	Os01g0829800		
K00695	Os04g0249500	蔗糖合酶	该通路基因的综合表达量显著提高，导致蔗糖合酶活力提升
	Os03g0401300		
	Os04g0309600		
K01087	Os02g0661100	海藻糖 6 - 磷酸酶（otsB）	该通路基因的综合表达量显著提高，导致 otsB 活力提升
	Os02g0753000		
	Os07g0624600		
	Os09g0369400		

影响三：稻苗 K11816 这个通路的相关基因表达量相比对照组极显著提高，进而促使吲哚 - 3 - 丙酮酸单加氧酶的活力大幅度提升，这种酶的功能是促进生长素（IAA）的合成，进而促进相关的 mRNA 转录，为细胞壁破损的细胞合成糖类、蛋白类等物质，加快植株的生长发育（表 3 - 8）。

表 3 - 8　基因组转录分析（影响三）

通路	基因 ID	调控蛋白（酶）	壮苗剂 VS 对照
K11816	Os01g0224700	吲哚 - 3 - 丙酮酸单加氧酶	该通路基因的综合表达量显著提高，导致吲哚 - 3 - 丙酮酸单加氧酶活力提升。该酶类物质为吲哚丙酮酸合成途径，其活力的提高可以大幅度提升生长素（IAA）的合成效率，促进细胞壁破裂重组，并增加干物质的积累从而提升作物生长效率
	Os01g0274100		
	Os03g0162000		

影响四：稻苗 K01904、K13508 这 2 个通路的相关基因表达量相比对照组极显著提高，进而促使 4 - 香豆酸酯 - CoA 连接酶、3 - 磷酸甘油酰基转移酶的活力大幅度提升，这 2 种酶的功能是参与细胞壁的合成，对于修复已经打破的植物细胞壁有重要作用（表 3 - 9）。

表 3 – 9　基因组转录分析（影响四）

通路	基因 ID	调控蛋白（酶）	壮苗剂 VS 对照
K01904	Os08g0245200	4 – 香豆酸酯 – CoA 连接酶	该通路基因的综合表达量显著提高，导致 4 – 香豆酸酯 – CoA 连接酶活力提升
	Os08g0448000		
	Os01g0901600		
	Os07g0280200		
	Os02g0697400		
K13508	Os12g0563000	3 – 磷酸甘油酰基转移酶（GPAT）	该通路基因的综合表达量显著提高，导致 GPAT 连接酶活力提升
	Os05g0457800		
	Os01g0855000		
	Os01g0631400		
	Os11g0679700		
	Os05g0448300		
	Os03g0832800		

影响五：稻苗 K00128、K00430、K00454、K08695、K00799、K01183、K13412 这 7 个通路的相关基因表达量相比对照组极显著提高，进而促使乙醛脱氢酶、过氧化物酶、脂氧合酶、花青素还原酶、谷胱甘肽 S – 转移酶、几丁质酶、肌酸磷酸激酶、钙依赖性蛋白激酶的活力大幅度提升，这 7 种酶的功能是快速清除氧自由基，同时增加作物自身的抗氧化能力，增加植株对冷害、涝灾、干旱、盐胁迫等环境因素的抵抗力，增加植物自身对病菌侵害、害虫侵害的防御能力等，有效提升作物自身的抗逆性（表 3 – 10）。

表 3 – 10　基因组转录分析（影响五）

通路	基因 ID	调控蛋白（酶）	壮苗剂 VS 对照
K00128	Os04g0540600	乙醛脱氢酶（ALDH）	该通路基因的综合表达量显著提高，导致 ALDH 活力提升
	Os02g0647900		
	Os02g0646500		
K00430	Os07g0677100	过氧化物酶	该通路基因的综合表达量显著提高，导致过氧化物酶活力提升
	Os04g0688100		
	Os10g0536700		
	……		
	共 49 个基因		

表 3 – 10（续）

通路	基因 ID	调控蛋白（酶）	壮苗剂 VS 对照
K00454	Os08g0509100 Os12g0559934 Os08g0508800	脂氧合酶（LOX）	该通路基因的综合表达量显著提高，导致 LOX 活力提升
K08695	Os04g0630900 Os04g0630800 Os04g0630600 Os04g0630100 Os04g0630300	花青素还原酶（ANR）	该通路基因的综合表达量显著提高，导致 ANR 活力提升
K00799	Os03g0135100 Os10g0528900 Os01g0949700 …… 共 25 个基因	谷胱甘肽 S – 转移酶（GST）	该通路基因的综合表达量显著提高，导致 GST 活力提升
K01183	Os05g0247100 Os01g0860500 Os11g0462100 …… 共 9 个基因	几丁质酶	该通路基因的综合表达量显著提高，导致几丁质酶活力提升。该酶的作用：①参与植物的发育调控；②参与植物抗胁迫反应，如抗真菌、抗细菌、抗虫害、抗线虫及螨等，同时拮抗重金属、渗透压、低温和干旱等不利条件；③参与共生固氮作用，主要以几丁质酶通过控制结瘤因子水平来使植物与根瘤菌达到共生平衡
K13412	Os02g0126400 Os01g0832300 Os10g0539600	肌酸磷酸激酶（CPK）；钙依赖性蛋白激酶	该通路基因的综合表达量显著提高，导致 CPK 活力提升。植物钙依赖性蛋白激酶作为钙离子的感受器，在植物调控自身代谢及其对外界环境的抗逆性适应性中具有重要作用

影响六：稻苗 K13449、K15397 这 2 个通路的相关基因表达量相比对照组极显著下降或提高，进而促使发病相关蛋白活力大幅下降、抗病蛋白活力大幅度提升，这 2 种酶的功能分别是导致水稻纹枯病发生、提升水稻自身对各种病菌侵害的抵抗力，对于水稻苗期防病害效果有显著提升（表 3 – 11）。

表 3 – 11 基因组转录分析(影响六)

通路	基因 ID	调控蛋白(酶)	壮苗剂 VS 对照
K13449	Os07g0124900 Os07g0129300 Os01g0382400 Os01g0382000 Os07g0129200 Os07g0126301 Os10g0191300 Os07g0125500	发病相关蛋白(PR1)	该通路基因的综合表达量相比对照显著下降,说明 PR1 活力下降。PR1 的表达,说明水稻处于纹枯病致病状态下,而处理组经过生物活性硒处理后,PR1 表达量显著低于对照组,说明其处理对于水稻纹枯病的抗病性有显著提升
K15397	Os06g0698802 Os11g0229400 Os11g0228600 …… 共 11 个基因	抗病蛋白(RPM1)	该通路基因的综合表达量显著提高,导致 RPM1 活力提升。RPM1 是一种抗病能力较强的功能型蛋白,对于提升作物自身的抗病性有极显著功效。K15397 通路下的 11 个基因综合表达量的提高,对于 RPM1 酶活力的提升有显著效果,其抗病性相比对照组将得到显著提升

水稻苗期使用生物活性壮苗剂后,之所以有稻苗叶色浓绿、根系发达、茎基部扁平粗壮、抗病性增强、插秧后扎根好、缓苗快、有效分蘖数增加等优异表现,基因转录组分析的结果为其提供了强大的理论支持,同时也为水稻增产、增强抗病抗逆性、改善米质提供了佐证。

(三)生物活性增效富硒营养液喷施对插秧稻提质增效作用

1. 稻米外观品质评定

对第三积温带水稻品种绥粳 4 进行富硒技术试验,如图 3 – 8 可知,使用生物富硒技术的稻米外观品质达到国际一级稻米标准。富硒比不富硒食味评分提高了近 10 分(表 3 – 12)。

2. 农药残留、重金属检测

科研组对拜泉盛世粮仓现代农业发展有限公司(鹤泉净米)种植的 2 000 亩富硒水稻进行 SGS(194 项农药残留和外观及营养品质)检测和化测检测(铅、镉、砷重金属)。检测结果为:194 项农药残留未检出(图 3 – 9),铅、镉、砷等重金属未检出(图 3 – 10),综合品质达到欧盟有机米标准(图 3 – 11)。

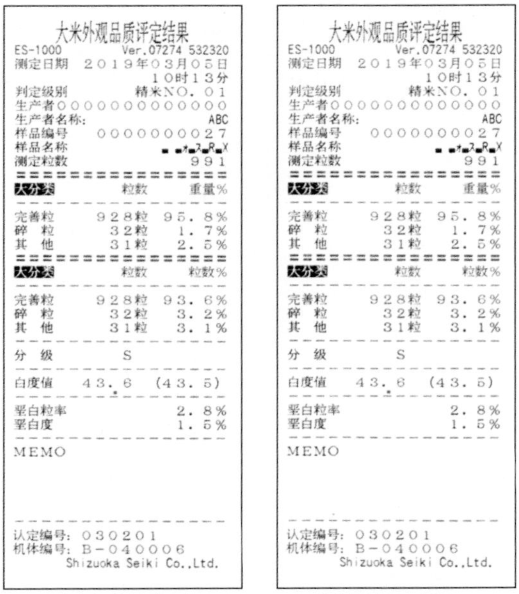

大米外观品质评定结果
ES-1000 Ver.07274 532320
测定日期 2019年03月05日
10时13分
判定级别 精米NO. 01
生产者0000000000000
生产者名称: ABC
样品编号 000000027
样品名称
测定粒数 991

大分类	粒数	重量%
完善粒	928粒	95.8%
碎 粒	32粒	1.7%
其 他	31粒	2.5%

大分类	粒数	粒数%
完善粒	928粒	93.6%
碎 粒	32粒	3.2%
其 他	31粒	3.1%

分 级 S
白度值 43.6 (43.5)
垩白粒率 2.8%
垩白度 1.5%
MEMO
认定编号: 030201
机体编号: B-040006
Shizuoka Seiki Co.,Ltd.

(a) 绥粳4富硒

大米外观品质评定结果
ES-1000 Ver.07274 532320
测定日期 2019年03月05日
10时13分
判定级别 精米NO. 01
生产者0000000000000
生产者名称: ABC
样品编号 000000027
样品名称
测定粒数 991

大分类	粒数	重量%
完善粒	928粒	95.8%
碎 粒	32粒	1.7%
其 他	31粒	2.5%

大分类	粒数	粒数%
完善粒	928粒	93.6%
碎 粒	32粒	3.2%
其 他	31粒	3.1%

分 级 S
白度值 43.6 (43.5)
垩白粒率 2.8%
垩白度 1.5%
MEMO
认定编号: 030201
机体编号: B-040006
Shizuoka Seiki Co.,Ltd.

(b) 绥粳4对照

图 3－8 绥粳 4 富硒和绥粳 4 对照评定结果

表 3－12 稻米食味试验评分

品名		样品组	外观	口感	硬度平均值	黏度平均值	平衡度平均值	弹性平均值	综合评分
对照	绥粳 4	6	5.8	6.5	4.23	0.17	0.04	0.71	67.7
	绥粳 4	6	5.5	6.3	5.72	0.2	0.03	0.77	67.7
	绥粳 4	6	5.8	6.4	5.35	0.17	0.03	0.74	68.7
生物活性硒处理	绥粳 4	7	7.6	7.7	3.96	0.23	0.06	0.7	77.5
	绥粳 4	7	7.2	7.3	4.74	0.3	0.06	0.7	75.9
	绥粳 4	7	7.4	7.5	5.33	0.26	0.05	0.71	76.4

3. 抗逆促早熟表现

2019 年 6 至 9 月，我国经历了 3 场台风，黑龙江省受到了严重的影响，主要有低温、寡照、积温严重不足，造成严重的涝灾、病虫害。2020 年黑龙江省再次遭受巴威、美莎克、海神连续 3 场强台风袭击，是黑龙江省几十年来经历的极端恶劣台风灾害。应用提质增效富硒技术后，作物表现出极强的抗逆性，促早熟效果也非常显著(图 3－12)。

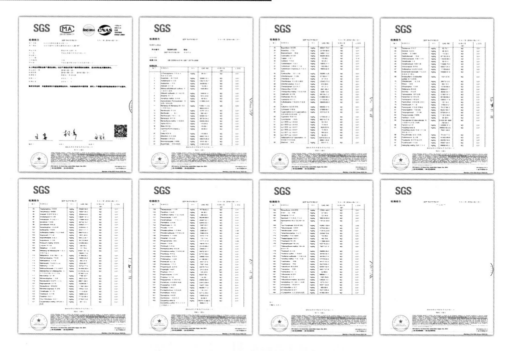

图 3 - 9　194 项农药残留检测分析结果

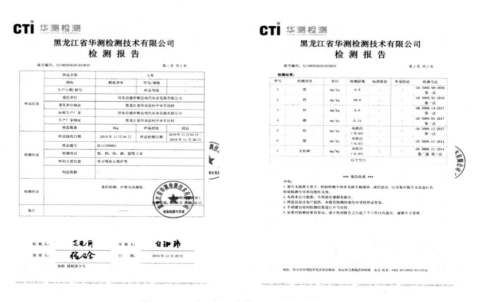

图 3 - 10　铅、镉、砷等重金属检测报告

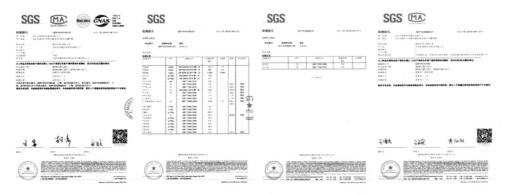

图3-11 综合品质检测报告

图3-12 应用提质增效富硒技术后秧苗田间表现

4.增产表现

如表3-13至表3-15和图3-13所示,通过近几年数据统计分析,发现水稻使用提质增效富硒技术后产量增幅达5.7%~26.7%;出米率提高1.5~3.6个百分点;食味评分提高2.0~9.4分;硒含量达到国家富硒标准(40 μg/kg)以上。

表3-13 2019年黑龙江省水稻应用案例数据统计

客户名称	品种	所在地区	产量			出米率			食味评分			大米硒含量/（μg/kg）
			富硒处理/(斤/亩)	对照/(斤/亩)	增幅/%	富硒处理/%	对照/%	增值/个百分点	富硒处理	对照	增值	
赵老丫合作社	稻花香2号	五常市	958.0	879.8	8.9	51.0	48.0	3.0	86.5	78.2	8.3	144.0
苗稻源合作社	稻花香2号	五常市	982.0	907.5	8.2	52.0	49.0	3.0	87.2	81.4	5.8	240.0
黑龙江省农业科学院栽培所	龙稻363	民主镇	1 453.0	1 146.7	26.7	65.6	62.0	3.6	74.8	69.9	4.9	43.4

表 3 – 13（续）

客户名称	品种	所在地区	产量			出米率			食味评分			大米硒含量/（μg/kg）
			富硒处理/（斤/亩）	对照/（斤/亩）	增幅/%	富硒处理/%	对照/%	增值/个百分点	富硒处理	对照	增值	
盛世粮仓	绥粳18	拜泉县	1 326.0	1 152.0	15.1	67.2	64.0	3.2	76.6	68.7	7.9	140.0
赫津谷物合作社	绥粳18	饶河县	1 053.0	940.6	11.9	66.5	63.0	3.5	76.5	70.9	5.6	140.0
庆承水稻合作社	绥粳18	勃利县	1 012.0	896.2	12.9	64.9	62.1	2.8	82.0	76.7	5.3	370.0
海洋水稻合作社	龙洋16	七台河市	1 011.0	904.4	11.8	67.6	65.1	2.5	83.5	74.1	9.4	300.0
稻田合作社	齐粳10号	明水县	1 021.0	900.9	13.3	67.0	64.0	3.0	79.2	76.2	3.0	99.5
佳木斯市农业科学院	龙粳31	富锦市	1 187.0	1 084.0	9.5	71.1	68.2	2.9	75.6	71.2	4.4	120.0
江苏常州	豪运粳2278	常州市	1 226.0	1 133.0	8.2	61.3	59.7	1.6	85.8	83.2	2.6	170.0
广东灿稻	象牙香占	广州市	911.0	738.0	23.4	61.8	60.3	1.5	81.0	79.0	2.0	120.0

表 3 – 14　2020 年黑龙江省水稻应用案例数据统计

客户名称	品种	所在地区	产量/（kg/亩）		产量增幅/%	富硒大米硒含量/（μg/kg）
			富硒处理	对照		
黑龙江省农业科学院牡丹江分院	龙洋16	宁安市	616.3	538.4	14.5	未检查
黑龙江省农业科学院生物研究所	松粳28	五常市	546.9	504.7	8.4	未检查
青冈县通泉村温加良	绥粳27 和盛誉1号混种	青冈县	549.1	511.8	7.3	230
青冈县通泉村刘庆海	绥粳27 和盛誉1号混种	青冈县	532.6	498.7	6.8	120
宾县满井镇马志	金诺262	宾县	526.8	492.7	6.9	220
黑龙江省农业科学院民主园区	龙稻363	民主镇	602.5	536.9	12.2	150
七台河寒财稻商贸	初香粳1号	七台河市	533.3	500.1	6.6	110
庆阳农场	绥粳27	延寿县	633.0	599.1	5.7	160
肇东涝洲稻香水稻合作社	稻花香2号和龙稻18混种	肇东市	548.8	490.0	12.0	130
牡丹江宁安沿江石米业	中科发5号	宁安市	737.2	666.5	10.6	100
桦南鸿源种业	龙粳31	桦南县	592.4	540.0	9.7	175
依安县田妃家庭农场	奶香米	依安县	601.0	536.6	12.0	130

表 3-15 2021 年黑龙江省水稻应用案例部分数据统计

客房名称	品种	所在地区	产量			出米率/%			硒含量/（μg/kg）
			富硒处理/(kg/亩)	对照/(kg/亩)	幅度/%	富硒处理/%	对照/%	增值/个百分点	
宁安市煜丰水稻种植专业合作社	稻花香2号	宁安市	504.0	445.8	13.04	56.0	53.0	3.0	240
兰西县兰河乡鑫拓水稻种植合作社	龙稻18	兰西县	645.5	576.9	11.90	68.0	65.0	3.0	240
五常市朝乡米业水稻种植合作社	稻花香2号	五常市	632.3	571.4	10.65	60.0	58.0	2.0	190
兰西县长江乡泽兰湖水稻种植合作社	稻花香2号	兰西县	477.6	419.0	14.07	60.6	57.1	3.5	260
依兰县笨源村食品有限责任公司	齐粳10号	依兰县	596.0	527.9	12.90	62.0	60.0	2.0	280

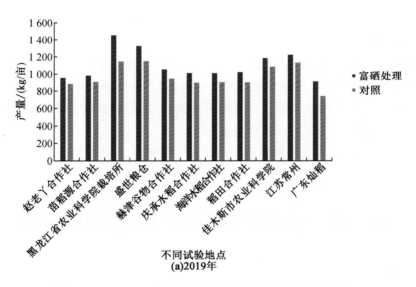

图 3-13 2019—2020 年黑龙江省不同试验地点测产结果

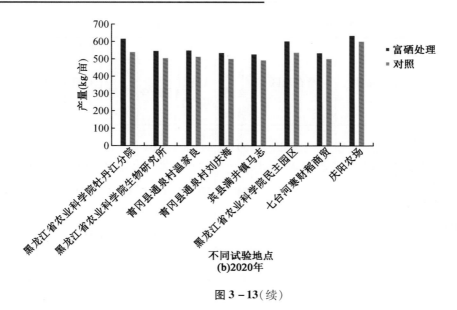

图 3 - 13（续）

四、研究结论

（1）水稻苗期使用生物活性壮苗剂后，稻苗叶色浓绿，根白根长，茎基部扁平粗壮，抗病性增强，插秧后扎根快，缓苗快，有效分蘖数增加。

（2）水稻基因转录组分析的结果也为其优异表现提供了强大的理论支撑。

（3）水稻使用提质增效富硒技术后产量增幅达 5.7% ~26.7% 。

（4）水稻壮苗提质增效富硒技术对提升出米率、增强抗病抗逆性、促进早熟、提升大米的外观品质和食味品质等方面效果显著。

（5）在拮抗重金属、农药降残解毒等方面效果很突出，综合经济效益显著。

第二节　直播水稻提质增效营养富硒技术研究

一、研究目标

大量研究表明，通过水稻种植时补充硒元素，能够有效提高稻谷中的硒元素含量，从而生产出富硒稻谷。水稻的栽培方式分为直播和移栽两种，但目前水稻富硒栽培技术研究主要以移栽稻为主，较少涉及直播水稻（直播稻）。随着农业科技进步，将新型的富硒技术与壮苗技术结合应用于寒地水稻直播栽培中，研究了其对寒地直播稻的生育期、经济产量和加工品质等的影响与机制，以期为寒地富硒直播稻生产提供一定的借鉴与参考。

二、研究方法

(一)试验地点

试验于 2020 年在哈尔滨市道外区民主乡黑龙江省农业科学院水田试验基地进行。试验地为连作稻田,土壤类型为黑土,地势平坦,江水灌溉。

(二)试验设计

试验采取旱直播栽培方式,播种机械为河北峥嵘农机有限公司生产的 2BDH 型水稻旱条播机,播种量为 270 kg/hm²,行距为 20 cm,施氮量为纯氮 150 kg/hm²,基肥∶苗肥∶分蘖肥∶孕穗肥为 2∶2∶3∶3。P_2O_5 为 70 kg/hm² 全部作基肥一次性施用,K_2O 为 60 kg/hm²,70% 作基肥一次性施入,30% 作穗肥施入。旱直播稻三叶期以后均采用水管的方式,其他管理均同生产田。

试验品种为龙粳 21 号,共设 4 个处理方案,如表 3 - 16 所示。试验所用壮苗剂为黑龙江天辉奥创农业科技有限公司提供的生物活性壮苗剂(含氨基酸水溶肥),生物活性硒为黑龙江天辉奥创农业科技有限公司所提供的生物活性硒营养液,药剂各时期喷施用量均按说明进行。

表 3 - 16　壮苗剂与生物活性硒处理方案

处理	壮苗剂	生物活性硒
CK	全生育期不喷施壮苗剂	全生育期不喷施生物活性硒
M_1	1 叶 1 心期喷施壮苗剂,以后不再喷施壮苗剂	全生育期不喷施生物活性硒
M_2	1 叶 1 心期喷施壮苗剂,以后不再喷施壮苗剂	全生育期不喷施生物活性硒
M_3	1 叶 1 心期和 2 叶 1 心期各喷施 1 次壮苗剂,以后不再喷施壮苗剂	全生育期不喷施生物活性硒
M_3X_2	1 叶 1 心期、2 叶 1 心期和 3 叶 1 心期各喷施 1 次壮苗剂,以后不再喷施壮苗剂	始穗期和齐穗期各喷施 1 次生物活性硒

(三)试验测定内容与方法

生育期:详细记录各产量水平的齐穗期和成熟期。全田有 80% 的水稻植株抽穗时为齐穗期。全田有 95% 以上稻粒呈现金黄色时为成熟期。

生物重:旱直播稻在成熟期,每个小区选取长势一致的区域按长度取样,每个处理三次重复均取两个 20 cm 长度的样品,并分穗部和叶茎鞘两部分,计算谷草比。

收获测产:成熟后,每个小区分别收取长势均匀的 1 m² 实收(即每个小区两次重复),脱粒、除杂、晾晒、称重,并测定稻谷含水量。产量计算公式如下:

$$实测产量(t/hm^2) = 实收稻谷质量(kg/m^2) \times \frac{1 - 实测含水量}{1 - 国家标准含水量(14.5\%)} \times \frac{10\ 000\ m^2}{1\ 000\ kg}$$

室内考种：成熟后，直播稻每个处理每个小区取两个 20 cm 长的样品用于室内考种。考种时调查穗数、每穗粒数、结实率和千粒重等。

加工品质：籽粒收获 1 个月后测定稻米的糙米率、精米率。

三、研究结果

（一）壮苗剂与生物活性硒对直播稻生育时期的影响

表 3 - 17 显示了壮苗剂与生物活性硒不同处理间旱直播稻齐穗期与成熟期的差异，结果表明，M_3X_2 处理和 M_3 处理的齐穗期为 7 月 30 日，比 CK、M_1 和 M_2 分别提早了 4 d、3 d 和 2 d，M_3X_2 处理和 M_3 处理的成熟期亦为最早，比 CK、M_1 和 M_2 分别提早了 4 d、2 d 和 2 d。

表 3 - 17　不同处理间直播稻齐穗期与成熟期的差异

处理	齐穗期（月/日）	成熟期（月/日）
CK	8/3	9/19
M_1	8/2	9/17
M_2	8/1	9/17
M_3	7/30	9/15
M_3X_2	7/30	9/15

（二）壮苗剂与生物活性硒对直播稻生物产量性状的影响

表 3 - 18 分析了壮苗剂与生物活性硒不同处理间旱直播稻生物产量，结果表明，谷草比在各处理间差异均不显著，生物重则表现为 $M_3X_2 > M_3 > M_1 > M_2 > CK$，$M_3X_2$ 和 M_3 处理间差异不显著，但均显著高于其他处理，M_1、M_2 和 CK 处理间差异不显著。图 3 - 14 和图 3 - 15 进一步分析了谷草比、生物产量与经济产量的相关系数，结果表明，谷草比与经济产量的相关性不显著，生物产量与经济产量的相关系数却达到了极显著正相关。

表 3 - 18　不同处理间直播稻生物产量性状差异

处理	谷草比/%	生物重/（kg · hm^{-2}）
CK	0.94[a]	14 504.92[b]
M_1	0.95[a]	16 103.77[b]
M_2	1.01[a]	15 342.20[b]
M_3	0.94[a]	18 113.67[a]
M_3X_2	0.94[a]	18 212.70[a]

注：组间比较，字母相同表示差异不显著，字母不同表示差异显著。

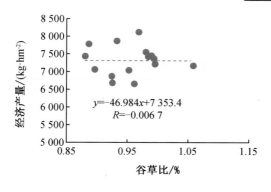

图 3 − 14　谷草比与经济产量的相关系数

注:相关系数临界值 $a = 0.05$ 时, $r = 0.514\ 0$; $a = 0.01$ 时, $r = 0.641\ 1$。

图 3 − 15　生物产量与经济产量的相关系数

注:相关系数临界值 $a = 0.05$ 时, $r = 0.514\ 0$; $a = 0.01$ 时, $r = 0.641\ 1$。

(三)壮苗剂与生物活性硒对直播稻经济产量性状的影响

表 3 − 19 进一步分析了壮苗剂与生物活性硒不同处理间旱直播稻经济产量的差异,结果表明,理论产量为 $M_3X_2 > M_3 > M_2 > M_1 > CK$, M_3X_2 和 M_3 处理间的理论产量差异不显著,但均显著高于其他三个处理, M_2 和 M_1 处理间的理论产量差异也达到了显著水平,并均显著高于 CK。最终的经济产量结果也表现了相近的趋势,即为 $M_3X_2 > M_3 > M_2 > M_1 > CK$, M_3X_2、M_3、M_2 和 M_1 处理分别比 CK 高了 13.0%、12.45%、7.78% 和 5.68%。而新复极差分析表明, M_3X_2、M_3 和 M_2 处理间经济产量差异未达显著,但 M_3X_2、M_3 的理论产量均显著高于 M_1 和 CK 处理。进一步分析结果表明,各处理间产量构成因素的差异在穗粒数、结实率和千粒重上差异均未达显著水平,而穗数却表现为 $M_3X_2 > M_3 > M_2 > M_1 > CK$, M_3X_2、M_3 和 M_2 处理间穗数差异未达显著,但 M_3X_2、M_3 的穗数均显著高于 M_1 和 CK 处理。

表 3 − 19　不同处理间直播稻经济产量性状的新复极差分析

处理	穗数 /(个/m²)	穗粒数 /(个/穗)	结实率 /%	千粒重 /g	理论产量 /(kg·hm⁻²)	经济产量 /(kg·hm⁻²)
CK	575.00ᵇ	46.78ᵃ	94.99ᵃ	29.01ᵃ	7 403.60ᵈ	6 732.32ᶜ
M_1	591.67ᵇ	48.76ᵃ	95.01ᵃ	29.54ᵃ	8 087.20ᶜ	7 152.79ᵇᶜ
M_2	612.50ᵃᵇ	50.02ᵃ	96.19ᵃ	28.96ᵃ	8 516.16ᵇ	7 308.65ᵃᵇ
M_3	641.67ᵃ	51.78ᵃ	95.51ᵃ	29.10ᵃ	9 223.23ᵃ	7 653.80ᵃ
M_3X_2	670.83ᵃ	51.30ᵃ	95.99ᵃ	29.14ᵃ	9 563.50ᵃ	7 695.09ᵃ

注:组间比较,含有相同字母表示差异不显著,字母完全不同表示差异显著。

表 3 − 20 分析了壮苗剂与生物活性硒不同处理间直播稻经济产量性状间的相关系数,结果表明,经济产量与理论产量和穗数分别达到了显著和极显著的正相关,但与穗粒

数、结实率和千粒重的相关性均未达显著水平。

表 3 – 20　不同处理间直播稻经济产量性状间的相关系数

变量	穗数	穗粒数	结实率	千粒重	理论产量
穗粒数	− 0.123 6				
结实率	0.171 5	0.143 3			
千粒重	− 0.223 7	0.058 7	− 0.205 9		
理论产量	0.648 5**	0.661 7**	0.306 5	− 0.022 2	
经济产量	0.585 2*	0.478 6	0.187 9	− 0.184	0.792 9**

注:相关系数临界值 $a = 0.05$ 时, $r = 0.514\,0$; $a = 0.01$ 时, $r = 0.641\,1$。**表示差异极显著,*表示差异显著。

(四)壮苗剂与生物活性硒对直播稻加工品质的影响

图 3 – 16 和图 3 – 17 分析了壮苗剂与生物活性硒不同处理间直播稻加工品质的差异,结果表明,各处理间的糙米率均达到了 81% 以上,但处理间差异均未达显著水平。精米率为 $M_3X_2 > M_3 > M_1 > M_2 > CK$,其中 M_3X_2 的精米率达到了 73.16%,显著高于 M_3、M_1、M_2 和 CK,分别提高了 1.18、1.58、1.47 和 2.07 个百分点,但 M_3、M_1、M_2 和 CK 各间差异均未达显著水平。

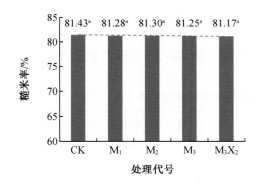

图 3 – 16　不同处理间直播稻糙米率的差异

注:组间比较,字母相同表示差异不显著。

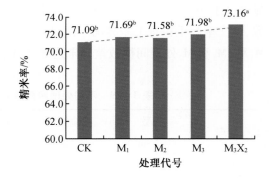

图 3 – 17　不同处理间直播稻精米率的差异

注:组间比较,字母相同表示差异不显著,
字母不同表示差异显著。

四、研究结论

近年来,硒在人体健康中的独特作用及保健功能越来越受到重视,各地开发硒资源、发展硒产业的活动正在兴起。稻米是中国居民的主食,约 70% 的人群以食用稻米为主。富硒稻米作为功能性药食同源食品,可以有效解决居民硒摄入不足问题。由于无机态硒存在较大的毒性,人体直接食用可引起毒害作用,并且无机态硒在人体和动物体内均不易被吸收和利用,因此在植物生长发育过程中将无机态硒添加到土壤中或喷施,可将有毒的无机态硒通过转化成植物体内可食用的活性更高的有机硒,以间接地达到补硒的目的。

(一)壮苗剂、生物活性硒与直播稻的生育时期

前人在富硒技术对水稻生育时期影响方面的研究报道相对较少。本研究表明,壮苗剂与生物活性硒不同处理间旱直播稻齐穗期与成熟期的差异,M_3X_2处理和M_3处理的齐穗期比CK、M_1和M_2分别提早了4 d、3 d和2 d,M_3X_2处理和M_3处理的成熟期亦为最早,比CK、M_1和M_2分别提早了4 d、2 d和2 d。在寒地稻区直播栽培生育期压力加大的条件下,应用壮苗剂结合生物活性硒具有一定的促早熟作用,利于实现寒地直播稻的安全成熟。

(二)壮苗剂、生物活性硒与直播稻的产量性状

前人的研究表明,水稻生物量受生长发育过程的影响,并与水稻产量有着密切的关系,高的生物量是获得高产的物质基础。本研究也得出了相似的结论,直播稻的生物产量与经济产量间的相关系数达到了极显著正相关。此外,还有研究表明,施硒肥处理的水稻干重都略高于对照,虽然差异不显著,但是干物质与施硒量存在一定的正相关关系。本研究中,生物重表现为$M_3X_2 > M_3 > M_1 > M_2 > CK$,$M_3X_2$和$M_3$处理间差异不显著,但均显著高于其他处理,这表明单用壮苗剂和壮苗剂与生物活性硒相结合均能显著增加直播稻的生物量。经济产量结果也表现了相近的趋势,即为$M_3X_2 > M_3 > M_2 > M_1 > CK$,$M_3X_2$、$M_3$、$M_2$和$M_1$处理分别比CK高了13.0%、12.45%、7.78%和5.68%,各处理间产量构成因素的差异在穗粒数、结实率和千粒重上均未达显著水平,而穗数却表现为$M_3X_2 > M_3 > M_2 > M_1 > CK$,$M_3X_2$、$M_3$和$M_2$处理间穗数差异未达显著水平,但$M_3X_2$、$M_3$的穗数均显著高于$M_1$和CK处理。这表明单用壮苗剂和壮苗剂与生物活性硒相结合主要通过增加直播稻的有效穗数来提高直播稻的经济产量。

(三)壮苗剂、生物活性硒与直播稻的品质性状

前人对插秧稻做了大量研究。有研究表明,叶面喷施硒肥可以在一定程度上改善作物品质,通过在水稻齐穗期采用叶面喷施一定浓度的硒肥可以有效改善水稻稻米品质,对于稻米外观品质,施硒可以显著降低稻米垩白粒率和垩白度,但是稻米的粒长、粒宽和长宽比没有显著变化。有研究人员通过对水稻喷施有机硒肥试验发现,在水稻不同生育时期喷施叶面肥,水稻的外观品质、营养品质和蒸煮品质均有不同程度的提高,且在齐穗期喷施效果最佳,孕穗期次之。稻米碾磨品质中整精米率是衡量水稻品质的主要指标,并且通过喷施硒肥可以显著增加稻米精米率,提高整精米率比例。本节研究了在寒地稻区旱直播稻应用壮苗剂和生物活性硒的效果,结果表明,M_3X_2处理能够有效地提高稻谷的精米率,应用壮苗剂结合生物活性硒能够改善直播稻加工品质。

第四章 黑龙江省水稻提质增效营养富硒栽培技术

第一节 水稻品种选择

选择优质、高产、抗病、抗倒、耐冷、耐肥、后熟快的审定品种。

壮苗标准:秧龄 30 ~ 35 d,叶龄 3.1 ~ 3.5 片,苗高 13 cm 左右,根数 10 条以上,百株苗干重 3.0 g 以上,生长整齐,茎基节宽,盘根好。

选择地势平坦、靠近水源、排水方便、无病虫杂草、土质肥沃的中性或偏酸性旱田,建立集中育苗地,秧田长期固定,连年培肥。纯水田地区采用高台育苗,苗床高出地面 20 ~ 30 cm。苗床面积与本田面积按 1:100 计算。

尽量秋整地秋做床。春做床要在土壤融化深度 20 cm 以上时,立即翻地、晾晒,散墒增温,水分适宜时再旋碎,打好高台育苗床(即高出地面 20 ~ 30 cm 的苗床),将床面土整平耙细,用碌子碾压平,床土上实下松,确保达到旱育苗标准。每 10 m² 内高低差不超过 0.5 cm。

底床旋耕时最好施入 15 kg/m² 的优质腐熟农家肥,或每 100 m² 施用商品有机肥 200 ~ 250 kg,拌入 10 cm 土层内。

摆盘前先测定置床 pH 值,每 100 m² 用 77.2% 固体硫酸 1 ~ 2 kg,拌过筛细土后均匀撒施在置床表面,然后耙入土中 0 ~ 5 cm,使置床 pH 值达 4.5 ~ 5.5。

第二节 水稻育苗技术

一、种子质量

种子质量要求发芽率 90% 以上,发芽势 >85%,纯度 >99%,净度 >98%,水分 < 15.5%。

二、晒种

浸种前,3 月下旬选晴暖天气中午晒种 2 ~ 3 d,每天翻动 3 ~ 4 次。

三、选种

用相对密度为 1.13 的盐水选种,即 50 kg 水加 11 kg 盐(要用鲜鸡蛋测定,鸡蛋漂浮水面露出 2 分硬币大小即可),捞出秕谷,再用清水冲洗 2 遍,洗掉盐分。

四、包衣

盐选种子放置 10~12 h 后,用含有精甲霜灵、咯菌腈、嘧菌脂等成分的水稻种衣剂包衣,有效防治立枯病、恶苗病等苗期病害。种衣剂按说明书方法使用。

五、浸种

把包衣的种子用 2 000~2 500 倍液 25% 氰烯菌酯浸种,在水温 11~12 ℃ 条件下浸种消毒 5~7 d,每天搅拌 1~2 次。要保证足够的药液浓度,药液液面要高出种子 15 cm 以上,做到充分消毒。积温达 100 ℃,观察谷壳半透明、腹白分明、胚部膨大即可。

六、催芽

将浸泡好的种子,在温度 30~32 ℃ 条件下破胸;当种子有 80% 左右破胸时,将温度降到 25 ℃ 催芽;当芽长 1 mm 时,降温到 15~20 ℃ 晾芽 6 h 播种。注意:催芽温度最好不要超过 32 ℃。

当地日平均气温稳定通过 5 ℃,棚内置床温度 12 ℃ 以上时开始播种。一般在 4 月 10 日开始播种。

七、平铺地膜

播种覆土后在床面平铺地膜,也可在床面盖一层无纺布,再盖地膜,使出苗时间缩短,不超过 7 d。

八、三膜覆盖

如旱育苗遇阶段性低温,可在内部搭架小棚,进行三膜覆盖增温,晚上盖膜,白天打开,确保防止夜间低温冷害发生。

九、揭膜

播种 5 d 后要到棚中查看出苗情况,出苗 80% 左右撤掉地膜,防止烧苗。撤膜时棚边出的不齐处可晚撤 1~2 d。苗床露籽处补盖土,缺水的地方用细嘴喷壶补水。

十、控温

叶尖下 1 cm 处放温度计。播种到出苗期,密闭保温,棚内温度不宜超过 35 ℃;出苗至 1 叶 1 心期,注意开始通风炼苗,棚内温度控制在 25～28 ℃。秧苗 1 叶 1 心到 2 叶 1 心期,逐步增加通风量,棚内温度控制在 22～25 ℃,注意夜间冻害,严防高温烧苗和秧苗徒长。秧苗 2 叶 1 心到 3 叶 1 心期,棚内温度控制在 20～22 ℃,苗期棚内温度超过上限应及时通风。移栽前 7 d 夜间温度超过 10 ℃时要昼夜通风炼苗。

开棚时间在早上 5 点前,秧苗小时下午要早关棚,大时可晚关,前期温差要小,棚内温度不能忽高忽低。雨天也要通风降湿炼苗。

十一、防病

在秧苗 1.5 叶期、2.5 叶期喷施 30% 甲霜·噁霉灵 1.5～2 mL/m²,喷后再用 pH 值 4.5 左右的酸水(95% 浓硫酸 1 000 倍液浇 2～3 kg/m²)冲洗。

十二、除草

置床除草,铺盘前用 10% 草克星可湿性粉剂 10 g/100 m²,均匀喷施。

苗后灭草,在水稻秧苗 1.5～2.5 叶期,稗草 2 叶期前茎叶处理,每 100 m² 用 10% 千金乳油 12 mL 防除禾本科杂草,间隔 2 d 后每 100 m² 用 48% 排草丹(苯达松)25 mL 防除阔叶杂草,两种药剂切不可混合施用。

十三、营养

在水稻苗期 1 叶 1 心、2 叶 1 心、3 叶 1 心喷施生须物活性水稻壮苗增效剂各一次,用量为 50 倍稀释(水稻壮苗增效剂每 300 mL 兑水 15 kg)叶面喷施,无须洗苗。

在秧苗 1.5 叶期和 2.5 叶期如果苗床明显脱肥,追施硫酸铵 5 g/盘(或尿素 2 g/盘),将硫酸铵与适量过筛细土混拌均匀后撒施在秧田上,施肥后要立即喷一遍清水洗苗,以防化肥烧苗。追肥前不能浇水,以免床土含水饱和,肥水渗不进去。

十四、杀虫

移栽前 1～2 d,360 m² 大棚采用 48% 噻虫胺微囊悬浮剂 3 000 mL,兑水 45 kg,喷雾,喷施后洗苗带药下田,预防潜叶蝇。

第三节　整地培肥

一、培肥地力

首先应选土质肥沃、平整、保水、保肥、通透性好、有机质含量高的地块。有条件的农户每年要增施腐熟有机肥 22 500～30 000 kg/hm²,进行培肥地力。

二、耕整地

整地前要清理和维修好灌排水渠,保证畅通。修整方条田,池子面积以 1 000 m² 以上为宜,减少池埂占地。

翻地:在土壤适宜含水量 25%～30% 时进行秋翻地,深翻 15～20 cm,有条件的可进行旋耕,翻旋结合。春翻地在土壤化冻 15～20 cm 顶凌早翻,翻地深浅一致,无漏耕。

泡田:4月下旬到5月上旬放水泡田,用好"桃花水"。

整地:旱整地与水整地相结合,坚持"旱整平、浅打浆",提早整地,避免苗等地、壮苗变弱苗。旱整地要到头、到边、不留死角,耙平、整平埂沟,地表有 15～18 cm 的松土耕层。水整地在放水泡田 3～5 d 后,打浆捞平,做到田面平整、土壤细碎,同池内高低差不大于 3 cm,做到"寸水不露泥、灌水棵棵到、排水处处干",尽量减少打浆次数,秸秆埋在泥下。

第四节　插　　秧

一、插秧前封闭

选用安全防效好的药剂。插秧前 5～7 d,选用 25% 恶草酮 1 800 mL/hm² 进行封闭除草,水整地后上水施入。封闭水层适宜高度 7 cm 左右,保留水层 5～7 d,尽量做到插前肥水、药水不排出。

二、插秧时期

日平均气温稳定在 12～13 ℃ 时开始插秧,大约在 5 月 10—15 日开始,5 月 25 日结束。

三、插秧规格

采用机插秧方式,有条件的可进行宽窄行方式,优质栽培以稀植为主,插植穴数在 25 穴/m² 左右,插苗 5～8 株/穴。

四、插秧质量

插秧做到行直、穴匀、棵准,不漏穴,花达水不漂苗,插秧深度不超过 2 cm,插后及时查田补苗,补水护苗防低温冷害。

第五节 施肥管理

一、施底肥

施用复合肥料 400 kg/hm^2（氮:五氧化二磷:氧化钾 = 20:8:12（质量比），总养分 ≥ 40%），肥料中应含有多种微量元素（硫、镁、钙、硅、锌、硼、钼、锰、铁等），可酌情增施硅肥，进行全层施肥。

二、返青分蘖肥

早施分蘖肥，促进低位分蘖发生。分蘖肥在返青后立即施用（4 叶期），每公顷施硫酸铵 50 kg，加尿素 50 kg 拌匀混合施入。分蘖期遇到低温可叶面喷施流体锌肥（700 g/L 悬浮剂型）200 g/hm^2 促进分蘖。

三、穗肥

抽穗前 20 d（水稻倒 2 叶露尖到长出一半），施入硫酸钾或氯化钾 50 kg/hm^2。依据田间长势，如果出现脱肥现象，酌情施用尿素 15 ~ 30 kg/hm^2。拔节孕穗期可以施用离子硅肥 400 mL/hm^2，无人机喷施，使叶片上举促进光合作用，茎秆粗壮。

四、粒肥

在齐穗、灌浆期叶面喷施生物活性硒营养液（1 kg/hm^2，人工喷施 1:300 稀释，无人机喷施 1:20 稀释），不要与农药、杀菌剂等混用，用清水单配单施。在破口期、齐穗期喷施磷酸二氢钾 1 500 g/hm^2，与预防稻瘟病药剂混配混喷，促进早熟，提高充实度和食味。

五、富硒

在苗期施用生物活性壮苗剂的基础上，在孕穗期、扬花期叶面喷施生物活性硒营养液各一次，用量为 1 kg/hm^2，人工喷施 1:300 稀释，无人机喷施 1:20 稀释。

第六节 灌溉管理

一、插秧后水层管理

移栽后返青期到分蘖期要浅水灌溉，田间水层保持 3 ~ 5 cm，以提高水温、地温，促进早生快发,浅水层一直保持到有效分蘖终止期,大体时间为早插秧 6 月 25 日前后。

二、晒田

当分蘖数达到目标分蘖数的 80% 时(大体时间为 6 月 25 日前后),排水晒田 5~7 d,达到龟裂程度或脚窝无水,抑制无效分蘖,排除土壤中有害气体。

三、中后期水层管理

孕穗期保持水层 3~5 cm,水稻减数分裂期如遇到 17 ℃ 以下低温,田间要灌水护胎,要求灌水深度 18~20 cm,水温 18 ℃ 以上。

齐穗后采用间歇浅水灌溉,待水层达零水位,脚窝无水时再灌下茬水。

收割前 15 d 停灌。

第七节　除草、防病和治虫

一、除草

(一)插秧后封闭除草

插秧 10~15 d 后用 30% 莎稗磷(阿罗津)乳油 750~900 mL/hm²,与 10% 吡嘧磺隆(草克星)150~225 g/hm² 混配,兑水 225 kg/hm² 甩施。

田间草相较为复杂,禾本科杂草、阔叶杂草、莎草科杂草均有发生时,依据田间杂草实际发生种类、叶龄、气温及田间水层管理情况,选择适合的除草剂进行复配组合施药防除。

(二)插秧后茎叶处理

水稻移栽后 15~20 d,禾本科杂草、阔叶杂草混合发生地块,可使用 25 g/L 五氟磺草胺 1 200~1 500 mL/hm²+3% 氯氟吡啶酯 525~600 mL/hm² 茎叶喷雾;阔叶杂草及莎草科杂草为主的地块,460 g/L 2 甲 4 氯·灭草松水剂 3 000 mL/hm² 茎叶喷雾。

二、防病

在选用抗病品种、稀植栽培的条件下,控制氮肥用量,加强稻瘟病的预测预报,控制发病中心。

当田间发病达到防治指标时,在孕穗(倒 2 叶露尖)、破口、齐穗三个时期应用 9% 吡唑醚菌酯 900 mL/hm² 兑水 30 L 或用 40% 稻瘟灵乳油 1 500 mL/hm²、75% 三环唑可湿性粉剂 375 g/hm²。防病同时喷施流体硼肥(150 g/L)200 g/hm²,无人机喷施,加磷酸二氢钾 750 g/hm²。

防控纹枯病用 24% 噻呋酰胺悬浮剂 300 mL/hm²,在水稻分蘖盛期和封行前各喷一遍。

防治稻曲病选用 30% 苯甲·丙环唑乳油 300 mL/hm²，在水稻破口期前 7～10 d 施药。

防治叶鞘腐败病和褐变穗等可采用 1.5% 多抗霉素可湿性粉剂 1 950 mL/hm²，防治时期与稻瘟病相同。

田间病害往往混合发生，防治策略上应采取注意施药时期，统一防治策略，视田间实际发病情况，尽量选择对稻瘟病、纹枯病、稻曲病具有兼防作用的药剂，做到一喷多防。

三、治虫

防治潜叶蝇和负泥虫，以农业防治为主。潜叶蝇危害严重地块采用化学药剂防治，选用噻虫嗪或噻虫胺对防治潜叶蝇、负泥虫都具有较好效果，选用氯虫苯甲酰胺可防治水稻螟虫及稻摇蚊幼虫。在绿色农业生产中可使用阿维菌素对潜叶蝇进行防治，具体用量参考产品标签说明。

第八节　收获与贮藏

一、收获时期

9 月 25 日以后，水稻黄化完熟率 95% 以上，籽粒含水量 25% 左右时为收获期，稻谷品质最佳。

二、贮存条件

籽粒含水量 16% 以下适宜贮存。

第五章 黑龙江省水稻提质增效营养富硒技术实际案例

第一节 第一积温带粳稻区应用案例

一、水稻苗期应用生物活性壮苗剂效果

(一)黑龙江省农业科学院国家现代农业示范区应用生物活性壮苗剂育苗效果

在哈尔滨市道外区民主乡国家现代农业示范区开展生物活性壮苗剂育秧试验。以龙稻363和中龙粳100为材料,在苗床期分别于1叶1心、2叶1心、3叶1心进行生物活性壮苗剂50倍稀释叶面喷施,对照(CK)不喷施,分别对移栽前水稻秧苗素质和插秧后田间表型进行调查。使用生物活性壮苗剂的处理组与对照组相比,龙稻363茎基部平均宽度平均增幅达13.7%;整株鲜重、根鲜重和茎叶鲜重平均增幅分别为24.1%、11.8%和34.5%;整株干重、根干重和茎叶干重平均增幅分别为25.6%、6.9%和36.9%。中龙粳100茎基部宽、四叶宽和三叶宽增幅分别为5.8%、8.7%和5.9%;整株鲜重、根鲜重和茎叶鲜重增幅分别为13.7%、7.7%和15.3%;整株干重、根干重和茎叶干重增幅分别为8.7%、3.6%和10.2%。上述结果表明,生物活性壮苗剂水稻苗期的应用效果处理组明显优于对照组,插秧后的田间表现也证实了这一结果(表5-1、表5-2、图5-1、图5-2)。

表5-1 黑龙江省农业科学科院国家现代农业示范区龙稻363苗期素质调查(2020年5月8日)

龙稻363 (处理对照各三次重复)	茎基部平均 宽度/mm	整株鲜重 /g	根鲜重 /g	茎叶鲜重 /g	整株干重 /g	根干重 /g	茎叶干重 /g
壮苗剂处理一(50株)	2.38	11.86	4.72	7.14	2.37	0.74	1.63
壮苗剂处理二(50株)	2.46	12.54	5.51	7.03	2.49	0.83	1.66
壮苗剂处理三(50株)	2.39	11.98	4.78	7.20	2.39	0.75	1.64
对照(CK)一(50株)	2.02	9.11	4.07	5.04	1.82	0.67	1.15
对照(CK)二(50株)	2.17	9.91	4.58	5.33	1.86	0.72	1.14
对照(CK)三(50株)	2.17	10.30	4.78	5.52	2.09	0.78	1.31
壮苗剂处理平均值	2.41	12.13	5.00	7.12	2.42	0.77	1.64

表 5 - 1（续）

龙稻 363 （处理对照各三次重复）	茎基部平均 宽度/mm	整株鲜重 /g	根鲜重 /g	茎叶鲜重 /g	整株干重 /g	根干重 /g	茎叶干重 /g
对照（CK）平均值	2.12	9.77	4.48	5.30	1.92	0.72	1.20
增幅/%	13.7	24.2	11.6	34.3	26.0	6.9	36.7

表 5 - 2 黑龙江省农业科学科院国家现代农业示范区中龙粳 100 苗期素质调查（2020 年 6 月 11 日）

中龙粳 100	茎基部宽 /mm	四叶宽 /mm	三叶宽 /mm	整株鲜重 /g	根鲜重 /g	茎叶鲜重 /g	整株干重 /g	根干重 /g	茎叶干重 /g
壮苗剂处理 （50 株）	3.09	4.89	3.75	25.2	6.31	18.89	5.25	1.14	4.11
对照（CK） （50 株）	2.92	4.50	3.54	22.16	5.86	16.38	4.83	1.10	3.73
增幅/%	5.8	8.7	5.9	13.7	7.7	15.3	8.7	3.6	10.2

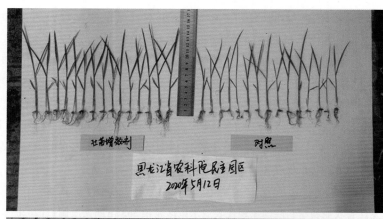

图 5 - 1 黑龙江省农业科学科院国家现代农业示范区龙稻 363 处理组与对照组插秧后秧苗对比

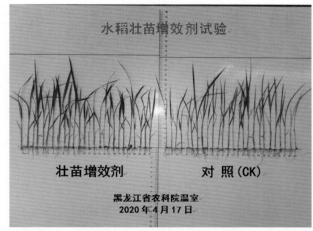

图 5-2　黑龙江省农业科学科院国家现代农业示范区中龙粳 100 处理组与对照组插秧后秧苗对比

（二）五常市互助水稻合作社应用生物活性壮苗剂育苗效果

五常市卫国乡互助水稻合作社水稻大棚育苗过程中应用生物活性壮苗剂，在苗床期分别于 1 叶 1 心、2 叶 1 心、3 叶 1 心进行生物活性壮苗剂 50 倍稀释叶面喷施，对照（CK）不喷施，分别对移栽前水稻秧苗素质和插秧后田间表型进行调查。使用生物活性壮苗剂的处理组与对照组相比，五优稻 4 号（稻花香 2 号）茎基部平均宽度平均增幅达 11.1%；整株鲜重、根鲜重和茎叶鲜重平均增幅分别为 23.5%、11.1% 和 33.9%；整株干重、根干重和茎叶干重平均增幅分别为 22.7%、3.7% 和 34.0%。反映水稻秧苗素质的主要性状指标处理组与对照组相比均有不同程度的增加，表明生物活性壮苗剂水稻苗期的应用效果处理组明显优于对照组（表 5-3、图 5-3）。

表 5 - 3　五常市互助合作社水稻苗期素质调查(2021 年 5 月 6 日)

稻花香 2 号 (处理对照各三次重复)	茎基部平均 宽度/mm	整株鲜重 /g	根鲜重 /g	茎叶鲜重 /g	整株干重 /g	根干重 /g	茎叶干重 /g
壮苗剂处理一(50 株)	2.27	11.69	4.62	7.07	2.29	0.70	1.59
壮苗剂处理二(50 株)	2.32	12.01	5.00	7.01	2.39	0.79	1.60
壮苗剂处理三(50 株)	2.33	12.10	4.99	7.11	2.35	0.73	1.62
对照(CK)一(50 株)	2.04	9.09	4.06	5.03	1.82	0.68	1.14
对照(CK)二(50 株)	2.08	9.78	4.49	5.29	1.87	0.72	1.15
对照(CK)三(50 株)	2.11	10.11	4.60	5.51	2.04	0.74	1.30
壮苗剂处理平均值	2.31	11.93	4.87	7.06	2.34	0.74	1.60
对照(CK)平均值	2.08	9.66	4.38	5.28	1.91	0.71	1.20
增幅/%	11.1	23.5	11.2	33.7	22.5	4.2	33.3

图 5 - 3　五常市互助水稻合作社水稻苗期处理组与对照组秧苗素质对比

二、生物活性硒营养液在大田的应用效果

(一)五常市赵老丫水稻合作社生物活性硒大田应用示范

2019 年和 2020 年在哈尔滨市五常市营城子乡南土村赵老丫水稻合作社示范区五优稻 4 号(稻花香 2 号)开展生物活性硒营养液大田应用效果试验。具体方法为水稻在苗床期分别于 1 叶 1 心、2 叶 1 心、3 叶 1 心进行生物活性壮苗剂 50 倍稀释叶面喷施;本田插秧后,在水稻扬花末期进行生物活性硒营养液 300 倍稀释叶面喷施;对照区采取常规管理措施。于 2019 年 9 月 7 日和 2020 年 9 月 1 日对示范区进行现场鉴定,处理区水稻长势、丰产性、籽粒成熟度和抗倒伏等性状明显优于对照区(图 5 - 4、图 5 - 5)。2019 年考种数据中株高和有效分蘖平均增幅分别为 4.6% 和 50.0%;穗数、一次枝梗数、一次枝梗粒数、二次枝梗数、二次枝梗粒数、全粒数和千粒重平均增幅分别为 50.0%、44.7%、50.8%、57.5%、61.2%、55.3% 和 4.0%(表 5 - 4)。上述结果说明生物活性硒营养液处理后产量性状也明显优于对照组。

图 5 – 4　2019 年五常市赵老丫合作社示范区大田表现

图 5 – 5　2020 年五常市赵老丫合作社示范区大田表现

表 5 – 4　2019 年五常市赵老丫水稻合作社水稻考种数据

稻花香 2 号（处理对照各三次重复）	株高/cm	有效分蘖/个	穗数	一次枝梗数	一次枝梗粒数	二次枝梗数	二次枝梗粒数	全粒数	千粒重/g
硒营养液处理一	123.0	16	16	163	859	234	730	1589	26
硒营养液处理二	123.5	18	18	195	972	252	797	1769	25
硒营养液处理三	118.6	23	23	260	1287	311	984	2271	27
对照（CK）一	118.0	14	14	160	801	185	547	1348	26
对照（CK）二	122.0	15	15	166	825	201	615	1440	24
对照（CK）三	109.0	9	9	101	441	120	395	836	25
硒营养液处理平均值	121.7	19.0	19.0	206.0	1 039.3	265.7	837.0	1 876.3	26
对照（CK）平均值	116.3	12.7	12.7	142.3	689.0	168.7	519.0	1 208.0	25
增幅/%	4.6	49.6	49.6	44.8	50.8	57.5	61.3	55.3	4.0

（二）五常市裕民水稻专业合作社生物活性硒大田应用示范

在哈尔滨市五常市安家镇裕民水稻专业合作社建立水稻生物活性硒营养液试验示范区,种植品种为五优稻4号(稻花香2号),在苗床期分别于1叶1心、2叶1心、3叶1心进行生物活性壮苗剂50倍稀释叶面喷施;本田插秧后,在水稻扬花末期进行生物活性硒营养液300倍稀释叶面喷施;对照区采取常规管理措施。2020年9月1日对示范区进行现场鉴定,处理区水稻长势、抗倒性、籽粒成熟度、丰产性等田间性状明显优于对照区(图5-6)。

图5-6　五常市裕民水稻专业合作社示范区大田表现

（三）五常市苗稻源合作社生物活性硒大田应用示范

在五常市苗道源合作社建立水稻生物活性壮苗剂试验示范区,种植品种为五优稻4号(稻花香2号),在苗床期分别于1叶1心、2叶1心、3叶1心进行生物活性壮苗剂50倍稀释叶面喷施;本田插秧后,在水稻扬花末期进行生物活性硒营养液300倍稀释叶面喷施;对照区采取常规管理措施。2020年9月7日对示范区进行现场鉴定,处理区水稻抗倒伏性状明显优于对照区,其长势、丰产性、籽粒成熟度也明显优于对照区(图5-7)。

图5-7　五常市苗道源合作社示范区大田表现

（四）五常市互助水稻种植专业合作社生物活性硒大田应用示范

在五常市卫国乡互助水稻种植专业合作社示范区五优稻 4 号（稻花香 2 号）开展水稻生物活性硒营养液试验。在苗床期分别于 1 叶 1 心、2 叶 1 心、3 叶 1 心进行生物活性壮苗剂 50 倍稀释叶面喷施；本田插秧后，在水稻扬花末期进行生物活性硒营养液 300 倍稀释叶面喷施；对照区采取常规管理措施。插秧后效果显著，生物活性壮苗剂处理后生物量显著高于对照组，然后由于管理不善，田间发生了严重的草害，水稻长势缓慢，在水稻扬花末期进行生物活性硒营养液 300 倍稀释叶面喷施后，水稻长势逐渐恢复。2021 年 8 月 24 日对示范区进行现场鉴定，处理区水稻长势、抗倒性、籽粒成熟度等田间性状优于对照区（图 5 − 8）。

图 5 − 8　五常市卫国乡互助水稻种植专业合作社示范区大田表现

（五）肇东市稻香水稻种植合作社生物活性硒大田应用示范

在肇东市涝洲镇三星村稻香水稻种植合作社建立生物活性硒营养液示范种植区，种植品种为松粳 16，苗床期分别于 1 叶 1 心、2 叶 1 心、3 叶 1 心喷施生物活性壮苗剂 50 倍稀释液；本田插秧后，在水稻扬花末期进行生物活性硒营养液 300 倍稀释叶面喷施；对照区采取常规管理措施。2020 年 8 月 30 日进行现场鉴定，示范区水稻成熟度、丰产性和抗倒伏等性状明显优于对照区（图 5 − 9）。

图5-9 肇东市涝洲镇三星村稻香水稻种植合作社示范区大田表现

三、水稻壮苗及提质增效营养富硒技术秋季鉴评

(一)五常市营城子乡南土村现场鉴评

2019年10月17日，由黑龙江省农业科学院、五常市农业技术推广中心等单位专家组成的专家组，对五常市营城子乡南土村的"水稻壮苗及提质增效富硒技术"示范区进行现场鉴评(图5-10)。示范区水稻种植面积100亩，对照区水稻种植面积20亩，水稻品种均为五优稻4号(稻花香2号)。示范区水稻在苗床期分别于1叶1心、2叶1心、3叶1心进行生物活性壮苗剂50倍稀释叶面喷施；本田插秧后，在水稻扬花末期进行生物活性硒营养液300倍稀释叶面喷施；对照区采取常规管理措施。

专家组经现场踏查，质询讨论，形成如下鉴评意见：①示范区水稻长势良好，无病害，无倒伏，熟期比对照早2~3 d；②对示范区和对照区按对角线法取5点，每个点取1 m²，脱谷后称重稻谷质量、含水量、杂质，按14.5%的标准含水量折合成亩产量，示范区亩产479.0 kg，对照区亩产440.0 kg，增产8.8%；③鉴于该技术具有促早熟、抗逆、增产的作用，建议加大力度推广应用。

图 5 – 10　五常市营城子乡南土村水稻壮苗及提质增效富硒技术现场鉴评

（二）五常市民乐乡三家子试验农场现场鉴评

2020 年 9 月 29 日,由黑龙江省农业科学院、东北农业大学、五常市农业技术推广中心等单位专家组成的专家组,对五常市民乐乡三家子试验农场的"水稻壮苗及提质增效富硒技术"示范区进行现场鉴评(图 5 – 11)。示范区水稻种植面积 15 亩,对照区水稻种植面积 15 亩,水稻品种均为松粳 28。示范区水稻在苗床期分别于 1 叶 1 心、2 叶 1 心、3 叶 1 心进行生物活性壮苗剂 50 倍稀释叶面喷施;本田插秧后,在水稻扬花末期进行生物活性硒营养液 300 倍稀释叶面喷施;对照区采取常规管理措施。

图 5 – 11　五常市民乐乡三家子试验农场水稻壮苗及提质增效富硒技术现场鉴评

专家组经现场踏查,质询讨论,形成如下鉴评意见:①示范区水稻长势良好,无病害,无倒伏,熟期比对照早 2 ~ 3 d;②对示范区和对照区按对角线法取 5 点,每个点取 1 m^2,脱谷后称重稻谷质量、含水量、杂质,按 14.5% 的标准含水量折合成亩产量,示范区亩产 546.9 kg,对照区亩产 504.7 kg,增产 8.3%;③鉴于该技术具有促早熟、抗逆、增产的作用,建议加大力度推广应用。

(三)五常市民乐乡双义村现场鉴评

2021年9月20日,由黑龙江省农业科学院、五常市农业技术推广中心等单位专家组成专家组,对五常市民乐乡双义村由五常市朝乡水稻专业种植合作社实施的黑龙江省农业科学院科技成果转移转化服务平台项目"水稻提质增效营养富硒技术"示范田进行田间鉴评(图5-12)。示范区水稻种植面积500亩,对照区水稻面积30亩,种植品种均为五优稻4号(稻花香2号)。示范区水稻在苗床期分别于1叶1心、2叶1心、3叶1心进行生物活性壮苗剂50倍稀释叶面喷施;本田插秧后,在水稻扬花末期进行生物活性硒营养液300倍稀释叶面喷施;对照区常规管理。

图5-12　五常市民乐乡双义村水稻壮苗及提质增效富硒技术现场鉴评

专家组经现场踏查,质询讨论,形成如下鉴评意见:①示范田水稻长势良好,无病害,无倒伏,熟期比对照早2~3 d;②对示范田和对照田各取两点,采用大面积实收的方法进行测产,示范田实收面积998.22 m²,对照田实收面积871.84 m²,脱谷后称重稻谷质量、含水量、杂质,示范田平均含水量25.8%,对照田平均含水量27.6%,均按14.5%安全含水量折合亩产量,示范田亩产632.25 kg,对照田亩产571.40 kg,增产10.65%;③鉴于该技术具有促早熟、抗逆、增产的作用,建议加大力度推广应用。

四、水稻提质增效富硒技术对稻米品质和产量的影响

(一)外观品质

通过对龙稻 18 进行富硒技术试验,使用生物富硒技术的稻米外观品质达到国际一级稻米标准,评定等级 S 级,籽粒饱满度、透明度、光泽、出米率等较对照有显著提升,垩白度较对照有显著降低(图 5 - 13)。

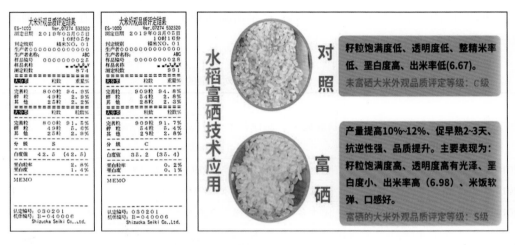

图 5 - 13　龙稻 18 外观品质评定

(二)食味品质

如表 5 - 5 所示,通过 2019 年数据统计,由赵老丫合作社、苗稻源合作社种植的五优稻 4号(稻花香 2 号)水稻使用提质增效富硒技术后,出米率提高 3% ,食味评分分别提高 8.3 分、5.8 分,大米硒含量达到 144 μg/kg、240 μg/kg,分别达到国家富硒标准(40 μg/kg)的 3.6倍、6 倍;由黑龙江省农业科学院栽培所种植的龙稻 18 水稻使用提质增效富硒技术后,食味评分提高 4.9 分,硒含量达到 43.4 μg/kg,达到国家富硒标准(40 μg/kg);与对照比在外观品质和食味品质方面提质效果显著。

表 5 - 5　2019 年水稻富硒技术对食味评分的影响

客户名称	所在地区	品种名称	出米率/%			食味评分			大米硒含量/(μg/kg)	
			处理	对照	增值	处理	对照	增值	处理	对照
赵老丫合作社	五常市	五优稻 4 号	51	48	3	86.5	78.2	8.3	144	未检出
苗稻源合作社	五常市	五优稻 4 号	52	49	3	87.2	81.4	5.8	240	未检出
黑龙江省农业科学院栽培所	民主乡	龙稻 18	—	—	—	74.8	69.9	4.9	43.4	未检出

（三）稻谷产量

由赵老丫合作社、苗稻源合作社、宾县农户马志种植的五优稻 4 号（稻花香 2 号）水稻使用提质增效富硒技术后，产量增幅分别达到 8.9%、8.1%、6.9%，大米硒含量分别达到 144 μg/kg、240 μg/kg、220 μg/kg，分别达到国家富硒标准（40 μg/kg）的 3.6 倍、6 倍、5.5 倍；由黑龙江省农业科学院栽培所种植的龙稻 18 水稻使用提质增效富硒技术后，2019—2020 年产量增幅分别达到 26.7%、12.2%，大米硒含量分别达到 43.4 μg/kg、150 μg/kg，分别达到国家富硒标准（40 μg/kg）的 1 倍、3.75 倍；由黑龙江省农业科学院生物所种植的松粳 28 水稻使用提质增效富硒技术后，产量增幅达到 8.4%，均较对照在产量方面增产效果显著（表 5 - 6）。

表 5 - 6　水稻富硒技术对产量的影响

| 年度 | 客户名称 | 所在地区 | 品种名称 | 产量 | | | 大米硒含量/（μg/kg） | |
				处理/(kg/亩)	对照/(kg/亩)	增幅/%	处理	对照
2019	赵老丫合作社	五常市	五优稻 4 号	479	440	8.9	144	未检出
2019	苗稻源合作社	五常市	五优稻 4 号	491	454	8.1	240	未检出
2019	黑龙江省农业科学院栽培所	民主乡	龙稻 18	726.5	573.5	26.7	43.4	未检出
2020	黑龙江省农业科学院生物所	五常乡	松粳 28	546.9	504.7	8.4	—	未检出
2020	农户马志	宾县	五优稻 4 号	526.8	492.7	6.9	220	未检出
2020	省农科院栽培所	民主乡	龙稻 18	602.5	536.9	12.2	150	未检出

第二节　第二积温带粳稻区应用案例

一、水稻苗期应用生物活性壮苗剂效果

（一）牡丹江市宁安市煜丰合作社应用生物活性壮苗剂育苗效果

牡丹江市宁安市煜丰合作社水稻大棚育苗过程中应用生物活性壮苗剂，在水稻秧苗移栽前对秧苗素质进行调查。使用生物活性壮苗剂的处理组与对照组相比，其茎基部平均宽度平均增幅达 13.0%；整株鲜重、根鲜重和茎叶鲜重平均增幅分别为 24.7%、12.7% 和 34.7%；整株干重、根干重和茎叶干重平均增幅分别为 22.4%、4.2% 和 34.2%。反映水稻秧苗素质的主要性状指标处理组与对照组相比均有不同程度的增加，表明生物活性壮苗剂水稻苗期的应用效果处理组明显优于对照组（表 5 - 7、图 5 - 14）。

表5-7 牡丹江市宁安市煜丰合作社水稻苗期素质调查(2021年5月8日)

样本:稻花香2号 (处理对照各三次重复)	茎基部平均 宽度/mm	整株鲜重 /g	根鲜重 /g	茎叶鲜重 /g	整株干重 /g	根干重 /g	茎叶干重 /g
壮苗剂处理一(50株)	2.33	11.79	4.70	7.09	2.31	0.71	1.60
壮苗剂处理二(50株)	2.37	12.51	5.50	7.01	2.42	0.80	1.62
壮苗剂处理三(50株)	2.36	11.91	4.70	7.21	2.33	0.73	1.60
对照(CK)一(50株)	2.04	9.07	4.05	5.02	1.82	0.68	1.14
对照(CK)二(50株)	2.08	9.79	4.50	5.29	1.88	0.73	1.15
对照(CK)三(50株)	2.11	10.17	4.67	5.50	2.06	0.76	1.30
壮苗剂处理平均值	2.35	12.07	4.97	7.10	2.35	0.75	1.61
对照(CK)平均值	2.08	9.68	4.41	5.27	1.92	0.72	1.20
增幅/%	13.0	24.7	12.7	34.7	22.4	4.2	34.2

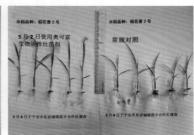

图5-14 牡丹江市宁安市煜丰合作社水稻苗期处理组与对照组秧苗素质对比

(二)牡丹江市西安区海南乡应用生物活性壮苗剂育苗效果

在牡丹江市西安区海南乡开展生物活性壮苗剂育秧试验,以普优稻花香为供试材料,在苗床期分别于1叶1心、2叶1心、3叶1心进行生物活性壮苗剂50倍稀释叶面喷施,对照组不喷施,在移栽前对水稻秧苗素质和插秧后田间表现进行调查。使用生物活性壮苗剂的处理组与对照组相比,其株高、茎基部宽度、根系长度及根系生长量等相关指标明显优于对照组(图5-15),移栽后处理组表现出返青快,秧苗综合素质明显优于对照组。

(三)兰西县兰河乡红卫村应用生物活性壮苗剂育苗效果

在兰西县兰河乡红卫村开展生物活性壮苗剂育秧试验,以龙稻18为材料,在苗床期分别于1叶1心、2叶1心、3叶1心进行生物活性壮苗剂50倍稀释叶面喷施,对照组不喷施,在移栽前对水稻秧苗素质和插秧后田间表现进行调查。使用生物活性壮苗剂的处理组与对照组相比,其株高、茎基部宽度、根系长势等相关指标明显优于对照组(图5-16),移栽后处理组表现出返青快,秧苗综合素质明显优于对照组。

图 5-15 牡丹江市西安区海南乡水稻苗期处理组与对照组秧苗素质对比

图 5-16 兰西县兰河乡红卫村水稻苗期处理组与对照组秧苗素质对比

图 5 - 16（续）

二、生物活性硒营养液在大田的应用效果

（一）牡丹江市宁安市渤海镇沿江石米业生物活性硒大田应用示范

在牡丹江市宁安市渤海镇沿江石米业种植基地建立生物活性硒营养液示范种植区，种植品种为五优稻 2 号（稻花香 2 号），苗床期分别于 1 叶 1 心、2 叶 1 心、3 叶 1 心喷施生物活性壮苗剂 50 倍稀释液；本田插秧后，在水稻扬花末期进行生物活性硒营养液 300 倍稀释叶面喷施；对照区采取常规管理措施。2020 年 8 月 26 日对示范区进行现场鉴定，示范区水稻籽粒成熟度（促早熟）、丰产性和抗倒伏等性状明显优于对照区（图 5 - 17）。

图 5 - 17　牡丹江市宁安市渤海镇沿江石米业示范区大田表现

（二）牡丹江市宁安市江南乡明星村生物活性硒大田应用示范

在牡丹江市宁安市江南乡明星村建立水稻生物活性壮苗剂试验示范区，种植品种为龙洋 16。其中，示范区水稻在苗床期分别于 1 叶 1 心、2 叶 1 心、3 叶 1 心进行生物活性壮苗剂 50 倍稀释叶面喷施；本田插秧后，在水稻扬花末期进行生物活性硒营养液 300 倍稀

释叶面喷施;对照区采取常规管理措施。2020 年 9 月 19 日对示范区进行现场鉴定,示范区水稻籽粒成熟度(促早熟)、丰产性及抗倒伏等性状明显优于对照区(图 5 - 18)。

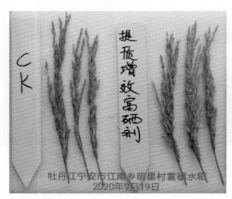

图 5 - 18　牡丹江市宁安市江南乡明星村示范区大田表现

(三)牡丹江市西安区海南乡生物活性硒大田应用示范

在牡丹江市西安区海南乡建立水稻生物活性壮苗剂试验示范区,品种为普优稻花香。其中,处理区水稻在苗床期分别于 1 叶 1 心、2 叶 1 心、3 叶 1 心进行生物活性壮苗剂 50 倍稀释叶面喷施;本田插秧后,在水稻扬花末期进行生物活性硒营养液 300 倍稀释叶面喷施;对照区采取常规管理措施。插秧后处理水稻生长表现为早生快发,水稻长势及秧苗综合素质明显优于对照区,生物活性壮苗剂处理后生物量显著高于对照区(图 5 - 19)。2021 年 9 月 1 日对示范区进行现场鉴定,处理区抗倒性、籽粒成熟度(促早熟)等田间性状优于对照区。

(四)牡丹江市宁安市东京城镇红兴村生物活性硒大田应用示范

在牡丹江市宁安市东京城镇红兴村建立水稻生物活性壮苗剂试验示范区,种植品种为五优稻 4 号(稻花香 2 号)。其中,处理区水稻在苗床期分别于 1 叶 1 心、2 叶 1 心、3 叶 1 心进行生物活性壮苗剂 50 倍稀释叶面喷施;本田插秧后,在水稻扬花末期进行生物活性硒营养液 300 倍稀释叶面喷施;对照区采取常规管理措施。2021 年 8 月 27 日对示范区进行现场鉴定,处理区水稻籽粒成熟度(促早熟)、丰产性及抗倒伏等性状明显优于对照区(图5-20)。

图5-19 牡丹江市西安区海南乡示范区大田表现

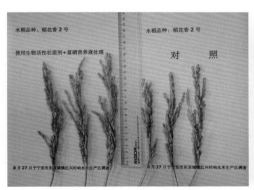

图5-20 牡丹江市宁安市东京城镇红兴村示范区大田表现

三、水稻壮苗及提质增效富硒技术秋季鉴评

(一)牡丹江市宁安市江南乡明星村现场鉴评

2020年10月3日,由黑龙江省农业科学院、宁安市农业技术推广中心等单位专家组成的专家组,对牡丹江市宁安市江南乡明星村的"水稻壮苗及提质增效营养富硒技术"示范区进行现场鉴评(图5-21)。示范区水稻种植面积30亩,对照区水稻种植面积30亩,水稻品种均为龙洋16;示范区水稻在苗床期分别于1叶1心、2叶1心、3叶1心进行生物活性壮苗剂50倍稀释叶面喷施;本田插秧后,在水稻扬花末期进行生物活性硒营养液300倍稀释叶面喷施;对照区采取常规管理措施。

专家组经现场踏查,质询讨论,形成如下鉴评意见:①示范区水稻长势良好,无病害,无倒伏,熟期比对照区早2~3 d;②对示范区和对照区按对角线法取5 点,每个点取1 m²,脱谷后称量稻谷质量、含水量、杂质,按14.5%的标准含水量折合成亩产量,示范区亩产616.3 kg,对照区亩产538.4 kg,增产14.5%;③鉴于该技术具有促早熟、抗逆、增产、改善品质和增加功能的作用,建议加大力度推广应用。

图5-21 牡丹江市宁安市江南乡明星村水稻壮苗及提质增效富硒技术现场鉴评

(二)青冈县兴华镇通泉村现场鉴评

2020 年10 月11 日,由黑龙江省农业科学院、东北农业大学和青冈县农业技术推广中心等单位专家组成专家组,对青冈县兴华镇通泉村的"水稻壮苗及提质增效营养富硒技术"示范区进行现场鉴评(图5-22)。示范区水稻种植面积30 亩,对照区水稻面积30 亩,种植品种均为绥粳27 和盛誉一号混种;示范区水稻在苗床期分别于1 叶1 心、2 叶1 心、3 叶1 心进行生物活性壮苗剂50 倍稀释叶面喷施;本田插秧后,在水稻扬花末期进行生物活性硒营养液300 倍稀释叶面喷施;对照区常规管理。

图5-22 青冈县兴华镇通泉村水稻壮苗及提质增效富硒技术现场鉴评

专家组经现场踏查,质询讨论,形成如下鉴评意见:①示范区水稻长势良好,无病害发生,无倒伏,熟期比对照区早 3 ~4 d;②对示范区和对照区采取机收,示范区机收面积0.89亩,对照区机收面积1.46亩,脱谷后称量稻谷质量、含水量、杂质,按14.5%的含水量折合亩产量,示范区亩产549.09 kg,对照区亩产511.80 kg,增产7.29%。

(三)兰西县兰河乡红卫村现场鉴评

2021 年9 月20 日,受黑龙江省科技厅委托,由黑龙江省农业科学院、兰西县农业技术推广中心等单位的相关专家组成专家组,对兰西县兰河乡红卫村鑫拓水稻种植专业合作社进行现场田间鉴评(图 5 -23)。示范田水稻面积 3 000 亩,对照田水稻面积 500 亩,种植品种均为龙稻18;播种时间 4 月 8 日,移栽插秧时间 5 月 17—24 日,本田插秧后,于7 月 4 日喷施生物活性增效剂 1 000 mL/hm²,于8 月 6 日水稻扬花末期喷施生物活性硒营养液 1 000 mL/hm²;示范田和对照田的整地、施肥、灌溉、综合防治等技术措施均一致。

专家组现场向种植农户调查种植基本情况,质询讨论,形成如下鉴评意见:①示范田水稻长势良好,无病害发生,无倒伏,熟期比对照早3 ~4 d;②对示范田和对照田各取两点,采用大面积实收的方法进行测产,示范田实收面积 953. 20 m²,对照田实收面积 951. 75 m²,脱谷后称量稻谷质量、含水量、杂质,示范田平均含水量 22.4%,对照田平均含水量 26.8%,均按照 14.5%安全含水量折合成亩产量,示范田亩产为 645.50 kg,对照田亩产为 576.87 kg,增产 11.90%;③鉴于该技术具有促早熟、抗逆、增产的作用,建议加大力度推广应用。

图 5 -23 兰西县兰河乡红卫村水稻壮苗及提质增效富硒技术现场鉴评

(四)宁安市东京城镇红兴村现场鉴评

2021 年10 月13 日,受黑龙江省科技厅委托,由黑龙江省农业科学院、牡丹江市农业技术推广总站等单位的专家组成专家组,对宁安市东京城镇响水米生产区红兴村煜丰农民专业合作社进行现场田间鉴评(图 5 -24)。示范田水稻 1 000 亩,对照田水稻 200 亩,水稻品种均为稻花香 2 号;示范田水稻在苗床期进行生物活性壮苗剂 50 倍稀释后叶面喷施;水稻孕穗期喷施生物活性硒营养液 1 000 mg/hm²,水稻扬花末期喷施生物活性硒营养液 1 000 mg/hm²;示范田和对照田的整地、施肥、灌溉、综合防治等技术措施均一致。

图 5 - 24 宁安市东京城镇红兴村水稻壮苗及提质增效富硒技术现场鉴评

专家组经现场踏查,质询讨论,形成如下鉴评意见:①示范田水稻长势良好,无病害,无倒伏,熟期比对照田早 2~3 d;②对示范田和对照田采用大面积实收的方法进行测产,示范田实收面积 1 098.54 m²,对照田实收面积 975.68 m²,脱谷后称量稻谷质量、含水量、杂质,示范田含水量 14.53%,对照田含水量 14.8%,均按 14.5% 安全含水量折合亩产量,示范田亩产 503.98 kg,对照田亩产 445.83 kg,增产 13.04%;③鉴于该技术具有壮苗、促早熟、抗逆、增产及综合抗性强等作用,建议加大力度推广应用,有利于实现农民提质增效和节本增效的目标,具有良好的经济效益、社会效益和生态效益。

第三节　第三、四积温带提质增效富硒技术应用案例

一、水稻生物活性壮苗剂应用案例

(一)水稻生物活性壮苗剂的概念

水稻生物活性壮苗剂是以生物活性物质为核心,同时聚合多元生物有机酸、氨基酸、各种微量元素组成的水稻壮苗营养液;能促进秧苗根系有机酸的分泌,在根系周边形成微酸环境,保持秧苗循环体系的畅通,明显增强秧苗吸收养分的能力;使用后秧苗叶色浓绿,根系发达,抗病性增强,茎基部扁平,苗齐苗绿,根长白根多,可提高秧苗综合素质;插秧后扎根快,返青快,能促进有效分蘖,为增产增收奠定基础。

(二)水稻生物活性壮苗剂的使用方法

在苗床期分别于1叶1心、2叶1心、3叶1心进行生物活性壮苗剂50倍稀释叶面喷施,无须洗苗。

(三)水稻苗期表现

通过对秧苗素质进行调查,使用生物活性壮苗剂的处理组与对照组相比,茎基部宽度、叶片宽度、整株干鲜重、茎叶和根干鲜重都有不同程度增加,使用生活性壮苗剂的秧苗素质明显优于对照组。

1.黑龙江省农业科学院水稻研究所生物活性壮苗剂育苗效果

供试水稻品种为龙粳31,主茎11片叶;龙粳1755,主茎12片叶。试验采取大区对比试验,处理在苗床期分别于1叶1心、2叶1心、3叶1心进行生物活性壮苗剂50倍稀释叶面喷施。与对照相比,使用生物活性壮苗剂的秧苗在叶龄、株高、叶长、根长和植株干物质重等指标上均有不同程度的提高。

龙粳31秧苗表现:施用生物活性壮苗剂的1叶长、1叶宽、2叶长、1鞘长和最长根根长等指标较对照略有增加,但差异不显著;株高、10株茎基宽、2叶宽、3叶宽、2~3叶间鞘长和10株地上干物质重等指标均极显著优于对照;3叶长和1~2叶间鞘长显著高于对照。

龙粳1755秧苗表现:施用生物活性壮苗剂的处理叶龄、1叶宽、2叶长、2叶宽、3叶宽、1鞘长、1~2叶间鞘长、2~3叶间鞘长、最长根根长和10株根干物质重等指标较对照略有增加,但差异不显著;株高、10株茎基宽、3叶长和10株地上干物质重等指标均极显著优于对照;带蘖数量和1叶长显著高于对照。

从本试验可看出,生物活性壮苗剂能有效提高水稻秧苗素质,特别是能提高秧苗的生长量,促进秧苗生长,干物质分别增加15%和33%（表5－8、表5－9、图5－25、图5－26）。

表5－8　黑龙江省农业科学科院水稻研究所龙粳31、龙粳1755苗期素质调查表1（2020年5月3日）

试验品种	处理	1鞘长/cm	1~2叶间鞘长/cm	2~3叶间鞘长/cm	最长根根长/cm	10株地上部干物重/g	10株根干物重/g
龙粳31	壮秧增效剂	2.91aA	2.28aA	3.57aA	4.17aA	0.29aA	0.09aA
	对照	2.71aA	1.86bA	2.65bB	3.95aA	0.24bB	0.09aA
龙粳1755	壮秧增效剂	3.90aA	1.36aA	0.64aA	6.12aA	0.52aA	0.12aA
	对照	3.65aA	1.16aA	0.63aA	6.09aA	0.37bB	0.11aA

注：同一品种组间比较，字母完全不同表示差异极显著，大写字母相同而小写字母不同表示差异显著，字母完全相同表示差异不显著。

表5－9　黑龙江省农业科学科院水稻研究所龙粳31、龙粳1755苗期素质调查表2（2020年5月3日）

试验品种	处理	叶龄/叶	带蘖数量个/株	株高/cm	10株茎基宽/cm	1叶长/cm	1叶宽/cm	2叶长/cm	2叶宽/cm	3叶长/cm	3叶宽/cm
龙粳31	壮秧增效剂	3.32aA	0	18.30aA	2.93aA	1.70aA	0.23aA	5.73aA	0.35aA	9.35aA	0.41aA
	对照	3.24aA	0	14.98bB	2.47bB	1.63aA	0.19aA	5.12aA	0.31bB	7.84bA	0.36bB
龙粳1755	壮秧增效剂	3.37aA	0.43aA	17.22aA	4.10aA	2.80aA	0.29aA	8.64aA	0.39aA	11.67aA	0.52aA
	对照	3.19aA	0.07bA	16.23bB	3.17bB	2.47bA	0.28aA	8.46aA	0.37aA	10.78bB	0.48aA

注：同一品种组间比较，字母完全不同表示差异极显著，大写字母相同而小写字母不同表示差异显著，字母完全相同表示差异不显著。

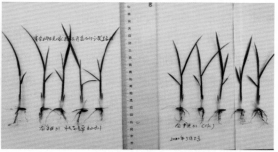

图5－25　黑龙江省农业科学科院水稻研究所龙粳31处理组与对照组苗床及插秧后秧苗对比

2. 佳木斯市富锦市长安镇长安村生物活性壮苗剂育苗效果

供试水稻品种为龙粳 1525，主茎 11 片叶。试验采取大区对比试验，在苗床期分别于 1 叶 1 心、2 叶 1 心、3 叶 1 心进行生物活性壮苗剂 50 倍稀释叶面喷施，对照组用清水喷施，移栽前对水稻秧苗素质表型进行调查。使用生物活性壮苗剂的处理组与对照组相比，龙粳 1525 茎基部宽、四叶宽和三叶宽增幅分别为 3.7%、8.4% 和 5.4%；整株鲜重、根鲜重和茎叶鲜重增幅分别为 13.9%、5.7% 和 15.4%；整株干重、根干重和茎叶干重增幅分别为 10.6%、2.8% 和 9.7%。上述结果表明生物活性壮苗剂水稻苗期的应用效果处理组明显优于对照组（表 5-10）。

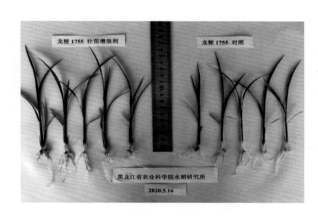

图 5-26 黑龙江省农业科学科院水稻研究所龙粳 1755 处理组与对照组插秧后秧苗对比

表 5-10 佳木斯富锦市长安镇长安村龙粳 1525 苗期素质调查（2020 年 5 月 6 日）

品种：龙粳 1525	茎基部宽/mm	四叶宽/mm	三叶宽/mm	整株鲜重/g	根鲜重/g	茎叶鲜重/g	整株干重/g	根干重/g	茎叶干重/g
壮苗剂处理（50 株）	3.07	4.91	3.71	25.31	6.27	18.96	5.23	1.11	4.20
对照（CK）（50 株）	2.96	4.53	3.52	22.22	5.93	16.43	4.73	1.08	3.83
增幅/%	3.7	8.4	5.4	13.9	5.7	15.4	10.6	2.8	9.7

3. 北大荒农业股份有限公司七星分公司科技园区生物活性壮苗剂育苗效果

供试水稻品种为垦稻 26，主茎 11 片叶。在苗床期分别于 1 叶 1 心、2 叶 1 心、3 叶 1 心进行生物活性壮苗剂 50 倍稀释叶面喷施，对照组用清水喷施，分别在移栽前对水稻秧苗素质和插秧后田间表型进行调查。使用生物活性壮苗剂的处理组与对照组相比，垦稻 26 茎基部平均宽度平均增幅达 8.98%；整株鲜重、根鲜重和茎叶鲜重平均增幅分别为 20.29%、5.00% 和 33.46%；整株干重、根干重和茎叶干重平均增幅分别为 11.92%、

5.24%和15.48%。上述结果表明生物活性壮苗剂水稻苗期的应用效果处理组明显优于对照组(表5-11)。

表5-11　北大荒农业股份有限公司七星分公司科技园区垦稻26苗期素质调查(2021年5月2日)

品种:垦稻26 (处理对照各三次重复)	茎基部平均 宽度/mm	整株鲜重 /g	根鲜重 /g	茎叶鲜重 /g	整株干重 /g	根干重 /g	茎叶干重 /g
壮苗剂处理一(50株)	2.31	11.79	4.6	7.19	2.28	0.73	1.55
壮苗剂处理二(50株)	2.35	12.21	5.1	7.11	2.16	0.74	1.42
壮苗剂处理三(50株)	2.26	11.92	4.80	7.12	2.32	0.74	1.58
对照(CK)一(50株)	2.14	10.06	4.65	5.41	2.03	0.69	1.34
对照(CK)二(50株)	2.14	9.66	4.47	5.19	2	0.71	1.29
对照(CK)三(50株)	2.07	10.14	4.69	5.45	2.01	0.70	1.31
壮苗剂处理平均值	2.31	11.97	4.83	7.14	2.25	0.74	1.52
对照(CK)平均值	2.12	9.95	4.60	5.35	2.01	0.70	1.31
增幅/%	8.96	20.30	5.00	33.46	11.94	5.71	16.03

二、生物活性硒营养液在水稻上的应用效果

(一)黑龙江省农业科学院水稻研究所生物活性硒大田应用示范

供试水稻品种为龙粳31,主茎11片叶。在前期应用生物活性壮苗剂处理的基础上,本田插秧后,在水稻扬花末期进行生物活性硒营养液300倍稀释叶面喷施;对照区采取常规管理措施。插秧后效果显著(图5-27),生物活性壮苗剂处理后生物量显著高于对照组,然后由于管理不善,田间发生了严重的草害,水稻长势缓慢,在水稻扬花末期进行生物活性硒营养液300倍稀释叶面喷施后,水稻长势逐渐恢复。通过田间调查成熟期可知,处理成熟期9月16日,对照成熟期9月18日,喷施营养液较未喷施营养液成熟期提早2 d;通过室内考种及测产可知,喷施生物活性硒营养液的处理比对照在有效穗、穗粒数、结实率、千粒重方面都有很大提高(表5-12)。处理有效穗为430.1个/m²,比对照多4.5个/m²,每穗实粒数为98.0粒,比对照多5.8粒,结实率为90.2%,比对照高4.3个百分点,千粒重为25.8 g,比对照高0.4 g。处理产量较对照产量提高主要因素是有效穗数、结实率及千粒重的提高,达到了增产的效果。喷施生物活性硒营养液的处理产量为616.2 kg/亩,比对照增加51.5 kg/亩,增产9.12%。上述结果说明生物活性硒营养液处理后产量性状也明显优于对照。

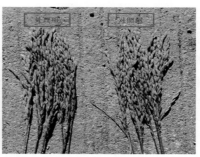

图 5-27　2020 年黑龙江省农业科学科院水稻研究所示范区大田表现

表 5-12　2020 年黑龙江省农业科学科院水稻研究所水稻考种数据

组别	有效穗 /(个/m²)	穗粒数 /(粒/穗)	实粒数 /(粒/穗)	结实率 /%	千粒重 /g	产量 /(kg/亩)
处理	430.1	108.7	98.0	90.2	25.8	616.2
对照	425.6	107.3	92.2	85.9	25.4	564.7
增幅/%	1.06	1.30	6.29	5.01	1.57	9.12

(二)佳木斯市富锦市长安镇长安村生物活性硒大田应用示范

供试水稻品种为龙粳 1525,主茎 11 片叶。试验采取大区对比试验,处理 1 为生物活性硒处理,处理 2 为对照,其余田间管理与常规种植相同。2020 年 9 月 6 日对示范区进行现场鉴定,处理区水稻长势、抗倒性、籽粒成熟度等田间性状均优于对照区(图 5-28)。9 月 18 日进行产量、有效穗数、千粒重及穗实粒数的测定,调查随机取 5 点,每点 10 m²。

表 5-13　2020 年佳木斯市富锦市长安镇长安村施用生物活性硒对水稻产量的影响

组别	每 10 m² 质量/kg					每 10 m² 平均质量/kg	折合每公顷 产量/kg	差异显著性		增产率 /%
	1	2	3	4	5			0.05	0.01	
处理 1 (生物活性硒)	8.55	9.27	8.35	9.31	9.02	8.90	8 900.00	a	A	9.48
处理 2(对照)	8.39	8.21	7.85	8.37	7.83	8.13	8 130.00	b	A	—

表 5-14　2020 年佳木斯市富锦市长安镇长安村施用生物活性硒对水稻穗实粒数的影响

组别	穗实粒数					平均 穗实粒数	差异显著性	
	1	2	3	4	5		0.05	0.01
处理 1（生物活性硒）	86.68	86.60	89.00	85.40	85.65	86.67	a	A
处理 2（对照）	85.80	82.58	83.55	82.45	83.24	83.52	b	A

由表 5-13 可以看出,处理 1(生物活性硒)的产量最高,达到了 8 900 kg/hm², 显著高于对照,增产率为 9.48%。由表 5-14 可以看出处理 1(生物活性硒)的穗实粒数最高,达到 86.67 粒/穗,显著高于对照。从表 5-15、表 5-16 可以看出处理 1(生物活性硒)的亩有效穗数和千粒重均高于对照。上述结果说明生物活性硒营养液处理后对水稻的千粒重、穗实粒数的提高均有一定促进作用。

图 5-28　佳木斯市富锦市长安镇长安村示范区表现

表 5-15　2020 年佳木斯市富锦市长安镇长安村施用生物活性硒对水稻亩有效穗数的影响

组别	每亩有效穗数					平均每亩有效穗数	差异显著性	
	1	2	3	4	5		0.05	0.01
处理 1(生物活性硒)	263 541	278 545	286 547	274 586	278 965	276 436.80	a	A
处理 2(对照)	268 745	274 125	283 540	287 456	269 874	276 748.00	a	A

表 5-16　2020 年佳木斯市富锦市长安镇长安村施用生物活性硒对水稻千粒重的影响

组别	千粒重/g					平均千粒重/g	差异显著性	
	1	2	3	4	5		0.05	0.01
处理 1(生物活性硒)	26.80	27.20	28.20	27.10	26.20	27.10	a	A
处理 2(对照)	24.80	26.00	26.20	25.22	26.40	25.58	b	A

(三)北大荒农业股份有限公司七星分公司科技园区生物活性硒大田应用示范

供试水稻品种为垦稻 26,主茎 11 片叶。在水稻扬花末期进行生物活性硒营养液 300 倍稀释叶面喷施;对照不喷施叶面肥。2021 年 8 月 28 日对示范区进行现场鉴定,处理区水稻长势、抗倒性、籽粒成熟度等田间性状均优于对照区(图 5-29)。

图 5 – 29　北大荒农业股份有限公司七星分公司科技园区示范区表现

三、水稻生物活性壮苗剂及提质增效富硒技术秋季鉴评

(一)佳木斯市富锦市长安镇长安村现场鉴评

2020 年 9 月 30 日,由黑龙江省农业科学院、黑龙江省农垦科学院、佳木斯市农业技术推广总站等单位专家组成专家组,对佳木斯市富锦市长安镇长安村的"提质增效营养富硒技术"示范区进行现场鉴评(图 5 – 30)。种植示范水稻面积 25 亩,对照区水稻面积 25 亩,种植品种均为龙粳 1525;示范区水稻在苗床期分别于 1 叶 1 心、2 叶 1 心、3 叶 1 心进行生物活性壮苗剂 50 倍稀释叶面喷施;示范区本田机械插秧后,在水稻扬花末期进行生物活性硒营养液 300 倍稀释叶面喷施;示范区、对照区施肥等田间管理一致。

图 5 – 30　佳木斯富市锦市长安镇长安村水稻壮苗及提质增效富硒技术现场鉴评

专家组经现场踏查,听取了负责人现场汇报,并进行了质询,形成如下鉴评意见:①示范区水稻长势良好,无病害发生,无倒伏,成熟度好;对照区有零星穗颈瘟发生,有部分倒伏现象;示范区成熟期较对照区早 2～3 d。②对示范区及对照区各随机选定 5 点,每点 2 m²,现场脱粒,现场称重,经测水、扣杂获得含标准水分(14.5%)质量,示范区平均产量

为582.90 kg/亩,同片地块对照区平均产量为547.12 kg/亩,示范区比同片地块对照测产亩增产35.78 kg,增产6.54%。③该项技术具有促早熟、抗逆、增产的作用,建议加大该项技术推广应用。

(二)黑龙江省农业科学院水稻研究所现场鉴评

2020年9月30日,由黑龙江省农业科学院、黑龙江省农垦科学院、佳木斯市农业技术推广总站等单位专家组成专家组,对黑龙江省农业科学院水稻研究所的"提质增效营养富硒技术"示范区进行现场鉴评(图5-31)。种植示范水稻面积100亩,对照区水稻面积20亩,种植品种均为龙粳31;示范区水稻在苗床期分别于1叶1心、2叶1心、3叶1心进行生物活性壮苗剂50倍稀释叶面喷施;示范区本田机械插秧后,在水稻扬花末期进行生物活性硒营养液300倍稀释叶面喷施;示范区、对照区施肥等田间管理一致。

图5-31　黑龙江省农业科学科院水稻研究所水稻壮苗及提质增效富硒技术现场鉴评

专家组经现场踏查,听取了负责人现场汇报,并进行了质询,形成如下鉴评意见:①示范区水稻成熟期较对照区提早2 d,植株不早衰,抗倒伏性增强。②示范区水稻有效穗、结实率及千粒重均有所提高,达到增产的效果,产量为616.2 kg/亩,比对照增加51.5 kg/亩,增产9.1%。亩增直接经济效益为97.9元,效益显著。③该项技术具有促早熟、抗逆、增产的作用,建议加大该项技术推广应用。

(三)北大荒农业股份有限公司七星分公司科技园现场鉴评

2021年9月20日,由黑龙江省农业科学院、黑龙江省农垦科学院、佳木斯市农业技术推广总站等单位专家组成专家组对北大荒农业股份有限公司七星分公司科技园区的"提质增效营养富硒技术"示范区进行现场鉴评(图5-32)。示范区水稻种植面积55亩,对照区水稻种植面积15亩,水稻品种均为垦稻26;示范区水稻在苗床期分别于1叶1心、2叶1心、3叶1心进行生物活性壮苗剂50倍稀释叶面喷施;本田插秧后,在水稻扬花末期进行生物活性硒营养液300倍稀释叶面喷施;对照区采取常规管理措施。

专家组经现场踏查,听取了负责人现场汇报,并进行了质询,形成如下鉴评意见:①示范区水稻长势良好,无病害,无倒伏,熟期比对照区早2~3 d。②对示范区和对照区按对角线法取 5 点,每个点取 1 m²,脱谷后称量稻谷质量、含水量、杂质,按 14.5% 的标准含水量折合成亩产量,示范区亩产 536.9 kg,对照区亩产 500.9 kg,增产 7.2%。③该项技术具促早熟、抗逆、增产的作用,建议加大该项技术推广应用。

图 5-32 北大荒农业股份有限公司七星分公司科技园水稻壮苗及提质增效营养富硒技术现场鉴评

第六章　黑龙江省富硒大豆栽培技术

第一节　大豆富硒技术概述

一、技术基本情况

大豆农田障碍产生是由不合理施肥耕作等多种因素共同作用的结果。因此,合理减施化肥,提高养分利用率及优化有机物料配施化肥技术,稳定提升大豆农田耕层养分库容及增强大豆根域固氮能力,促进大豆稳产增产兼顾土壤肥力促效增效是东北寒区种植春大豆亟待解决的关键问题。基于大豆/玉米轮作系统,以牲畜粪便和农田废弃秸秆为主要外源有机物料,选择北方典型大豆主产区以定位试验和集中示范田为基地,在化肥减量基础上,将秸秆还田和畜禽粪便有机肥料为培肥基料,开展有机物料部分替代化肥增效技术,肥料缓释协同技术和大豆减肥全程一体化增效单项技术的提升研究,最终结合机械、耕作及其他农艺措施集成适宜于东北春大豆区域减量高效的施肥技术模式并大面积推广。

主要核心技术为化肥农药减量配施有机物料,大豆肥药减量全程一体化缓控释。

二、技术示范推广情况

在黑龙江大豆主产区黑河大面积应用 7 年,示范推广 2 万亩,集成的综合技术模式辐射 30 万亩,培训农技人员 200 人次,新型职业农民 0.3 万人次。

三、提质增效情况

构建了高度轻简化耕播机械化技术体系,实现一次进地完成多项作业,显著节约机械作业成本,有效降低了土壤压实破坏程度,保证适时播种质量,合理提升玉米茬口残留肥料供氮潜力,促进有机无机肥料协同高效,有效解决了长期困扰农业生产的豆玉轮作体系下秸秆合理还田、匀植保苗、化肥减施增效,土壤有机质下降,农业面源污染加重等难题,化肥农药减量 25% 以上,肥料利用率提高 12% 以上,化学农药利用率提高 8% 以上,大豆平均亩产增加 5% 以上,大豆籽粒富硒范围硒含量 118 ~ 308 μg/kg,最高可达 620 μg/kg,抗病、抗倒伏效果显著,示范区域亩节本增效 115 元以上。

第二节　大豆富硒技术要点

一、地块选择

选择前茬为禾谷类作物地块,忌重茬和迎茬。根据东北种植结构发展趋势,建议采用"玉－玉－豆"的轮作模式。选用地势平坦、土壤疏松、肥力较高、前茬未使用对大豆有害的长效除草剂的地块,如前茬施用过含氯磺隆、甲磺隆成分的除草剂(如麦草宁、麦草灵),以及玉米种植过程中施用的阿特拉津均对后作大豆影响较大。

二、土壤耕作

对于砂质壤土及土壤墒情较差地区,推荐采用高留茬收获、播后覆盖还田方式,其机械化作业工艺过程如图6－1所示。

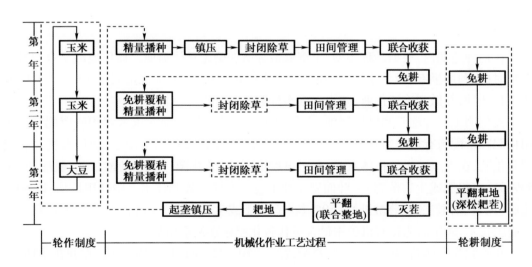

图6－1　机械化作业工艺过程

依据不同作物后茬特点对应采用"免－免－松""免－免－翻"或"免－免－联合整地"的土壤耕作方式,即玉米后茬无须整地和秸秆残茬处理,采用原茬地免耕覆秸播种机械化技术直接免耕精量播种覆秸作业。对于玉米连作2年后种植大豆等秸秆易于处理的作物,在大豆收获后,可以按照常规整地方式作业,应用联合整地机、齿杆式深松机或全方位深松机等进行深松整地作业。提倡以间隔深松为主的深松耕法,构造"虚实并存"的耕层结构。间隔深松要打破犁底层,深度一般为35~40 cm,稳定性≥80%,土壤膨松度≥40%,深松后应及时合墒,必要时镇压。对于田间水分较大的地区,需进行耕翻整地。对于平作模式,无须任何处理作业,待墒情适宜时直接播种即可。对于垄作模式,可以根据墒情随中耕培土后起垄。连作区土壤耕作可参考轮作区土壤耕作方式实施。

三、精量播种施肥

(一)品种选择及其处理

1. 品种选择

按当地生态类型及市场需求,因地制宜地选择通过审定的耐密、秆强、抗倒、丰产性突出的主导品种,品种熟期要严格按照品种区域布局规划要求选择,坚决杜绝跨区种植。应用清选机精选种子,要求纯度大于 99%,净度大于 98%,发芽率大于 95%,水分小于12%,粒型均匀一致。

2. 种子处理

在播种前根据当地的各种病虫害发生情况,应用包衣机将精选后的种子和种衣剂拌种包衣,针对根腐病可采用复合微生物菌剂进行拌种,针对虫害可采用吡虫啉或多克福进行拌种,对一些地下害虫严重发生的地方,可以在避免药害及拮抗作用的前提下对种子进行二次包衣处理。

(二)播种施肥

在播种适期内,根据品种类型、土壤墒情等条件确定具体播期。抓住地温早春回升的有利时机,利用早春"返浆水"抢墒播种。当耕层 5 ~ 10 cm 地温稳定通过 10 ~ 12 ℃时开始进行播种,并做到连续作业,防止土壤水分散失。

提倡测土配方施肥和机械深施,充分利用豆玉轮作体系前茬玉米累积残留肥料。采用化肥减量配施有机肥增效技术,在当地大豆化肥减量 25% 的基础上,利用有机肥替代部分化肥,在大豆玉米轮作体系下,高产田地块:以 75% 化肥(尿素、磷酸二胺、硫酸钾)+50% 氮(有机肥或生物菌肥)+ 叶面肥 + 种子包衣为核心施肥技术。中产田地块:以 80% 化肥(尿素、磷酸二胺、硫酸钾)+50% 氮(有机肥或生物菌肥)+ 叶面肥 + 种子包衣为核心施肥技术,50% 氮为按有机肥中氮含量代替化肥尿素氮素用量。

叶面肥为富硒营养液。将硒肥料配成浓度 70 ~ 120 mg/kg 的硒溶液,在开花末期、结荚期补硒 2 次。每次每公顷机械均匀喷施硒溶液 450 ~ 650 kg,要求叶片、幼荚表面、茎均要喷施到硒溶液,以不滴水为度。应选阴天或晴天下午 4 时后施硒;硒溶液浓度精准,距叶片 35 cm 处细雾均匀喷施;施硒后若 6 h 内遇雨水冲洗,应及时补喷 1 次,不应与碱性农药、肥料混用;采收前 20 d 停止施硒。

结合播种施种肥于种侧 5 ~ 6 cm、种下 5 ~ 8 cm 处,种子和化肥要隔离 5 cm 以上。施肥量按照农艺要求调节,各行施肥量偏差≤5%,施肥深度合格指数≥75%,种肥间距合格指数≥80%,地头无漏肥、堆肥现象,切忌种肥同位。

覆土镇压强度根据土壤类型、墒情进行调节,随播种施肥随镇压,做到覆土严密,镇压适度(3 ~ 5 kg/cm²),无漏无重,抗旱保墒。

四、田间管理

(一)中耕

采用免耕覆秸精量播种机播种大豆的地块,视土壤墒情确定是否需要中耕及中耕作业次数,若土壤墒情不好时,建议不中耕。需要中耕时,可以按照常规方式实施。

垄作春大豆一般中耕 2～3 次,在第 1 片复叶展开时,进行第一次中耕,耕深 15～18 cm,或垄沟深松 18～20 cm,要求垄沟和垄侧有较厚的活土层;在株高 25～30 cm 时,进行第二次中耕,耕深 8～12 cm,中耕机需高速作业,提高壅土挤压苗间草的效果;封垄前进行第三次中耕,耕深 15～18 cm。次数和时间不固定,根据苗情、草情和天气等条件灵活掌握,低涝地应注意培高垄,以利于排涝。平作密植春大豆建议中耕 1～3 次,以行间深松为主,深度第一次为 18～20 cm,第二次、三次为 8～12 cm,松土灭草。

推荐选用带有施肥装置的中耕机,结合中耕完成追肥作业。根据杂草情况选用中耕苗间除草机,边中耕边除草。

(二)病虫草害防控

根据不同地区用药习惯、病虫草害情况、土壤条件、气候条件等,结合大豆栽培过程,采用"一拌、一封、三诱、一喷、一寄生"进行综合防控。

"一拌"即采用种子包衣的方法预防地下病虫害。

"一封"即封闭除草。应用 2BMFJ 系列原茬地免耕覆秸精量播种机提供的化控药剂喷施系统在播种同时实施封闭除草,将除草剂直接喷施到施肥播种镇压后的净土上,减少用药量;也可以在播后出苗前,一般播后 3 d,应用风幕式喷药机实施封闭除草。

封闭除草配方以乙草胺、精异丙甲草胺为主,复配噻吩磺隆、嗪草酮、异噁草松、2,4-D异辛酯等不同用药格局,这些除草剂用量按当地用药量的 75% 加助剂施倍丰 75 g/hm²(或助剂激健 225 g/hm²)。

"三诱"技术即①"性诱"——利用大豆食心虫性诱剂诱集并监测成虫发生情况;②"色诱"——利用黄色黏板诱集并监测大豆蚜发生情况;③"食诱"——利用食诱剂诱集并监测食叶类害虫发生情况。

"一喷"即视病情在苗期喷施枯草芽孢杆菌可湿性粉剂,视草情结合苗后大豆 1 片复叶期实施茎叶除草。茎叶除草配方以防除阔叶杂草的除草剂相混用,尤其以氟磺胺草醚、苯达松两种药剂混用较多,再加入能混用的防除禾本科杂草药剂。除草剂用量按当地用药量的 75% 加助剂施倍丰 75 g/hm²(或助剂激健 225 g/hm²)。

"一寄生"即当日均诱捕量达 11.3 头/诱捕器时,释放黏虫赤眼蜂。

采用喷杆式喷雾机或风幕式喷药机或农业航空植保等机具和设备,按照机械化植保技术操作规程进行病虫草害防控作业。

化学防控剂可控制大豆株型和生理代谢的作用,可视大豆所处生育阶段和长势选择适宜的化控剂产品,配套适宜的植保机械设备,按照机械化植保技术操作规程进行化控作业。

（三）收获作业

1. 收获原则

实行分品种单独收获,单储,单运。

2. 收获时期

机械联合收割,叶片全部落净、豆粒归圆时进行收割。

3. 收获质量

割茬低,不留荚,割茬高度以不留底荚为准,一般为 5～6 cm。收割损失率小于 1%,脱粒损失率小于 2%,破碎率小于 5%,泥花脸率小于 5%,清洁率大于 95%。

五、大豆富硒适宜区域

对于东北三省采用任何方式收获后的玉米等作物任意形态秸秆留茬地(建议高留茬),秸秆残茬无须任何处理,以原茬地免耕覆秸精量播种机为载体,依据不同地区土壤和气候条件、生产力水平选择适宜的技术参数,达到大豆生产化肥农药减施增效提质环保的目标。

六、大豆富硒注意事项

(1)播种机组作业速度、播种密度、深度根据品种和栽培农艺要求参照播种机说明书进行调节。

(2)商品有机肥购买时需满足标准成分(氮、磷、钾含量≥5%,有机质含量≥40%),施用时建议按化肥减量(50%氮、磷、钾)结合其养分含量进行折算;建议在大豆开花期选择无风、阴天进行叶面均匀喷施叶面肥。

(3)虫害防治必选技术为种子处理技术、田间放蜂技术,备选技术为"三诱"技术,视田间虫害发生情况而定。监测食叶类害虫要注意草地螟等迁飞性害虫,达到防治指标时,可根据发生情况适当采取化学防治。

(4)除草剂施用要注意环境,要求土壤湿润,相对湿度为 80% 左右;温度适当(≥15 ℃),避免高温(≥30 ℃)、大风天气及土壤干旱时喷施除草剂。禁止在降低除草剂用量的同时成倍地加大助剂用量,以避免助剂造成药害。土壤封闭处理时如已有很多杂草出来,可选用 2,4 - D 异辛酯。注意对邻作玉米的影响。茎叶除草要考虑氟磺胺草醚和异噁草松的用量,不能超过后茬作物要求的限制用量。

(5)根腐病发生特别严重的重茬地区可采用高效低毒化学药剂阿维菌素 - 多菌灵 - 福美双进行种子包衣防治。

第三节 粮豆轮作模式下大豆优质高产增效富硒技术

一、技术概述

(一)应用背景

针对我国东北春大豆主产区应用大豆玉米轮作技术模式时,玉米秸秆根茬残留量大、化肥农药依赖程度高、化肥使用量大且利用率低、土壤退化严重、播种质量差、农产品和生态环境污染严重等问题,合理减施化肥,提高养分利用率及优化有机物料配施化肥技术,稳定提升大豆农田耕层养分库容及增强大豆根域固氮能力,促进大豆稳产增产兼顾土壤肥力促效增效是东北寒区轮作体系下种植春大豆亟待解决的关键问题。以原茬地免耕覆秸精播机械化生产技术和配套系列机具为载体,集成组装高效抗病大豆品种、化肥减量配施有机肥、除草、病虫害防治等单项技术,构建了大豆玉米轮作秸秆播后覆盖还田的大豆化肥农药减施增效技术模式。

(二)主要核心技术及实施指标

基于大豆玉米轮作秸秆播后覆盖还田的大豆化肥农药减施增效技术,适用于玉米大豆轮作种植模式,利用精量种子包衣、有机物料配施、缓控释协调、叶面肥营养平衡多项技术精准调控,达到大豆稳产增效、提高农田土壤质量、改善作物品质、减轻化肥对环境的污染的目的。

通过技术示范推广,化肥农药减量 25% 以上,肥料利用率提高 12% 以上,化学农药利用率提高 8% 以上,大豆平均亩产增加 5% 以上,示范区域亩节本增效 115 元以上。

二、技术要点

(一)土壤耕作

采用原茬地免耕覆秸播种机械化技术直接免耕精量播种覆秸作业,在大豆收获后,可以按照常规整地方式作业,应用齿杆式深松机或全方位深松机等进行深松整地作业。深松后应及时合墒,必要时镇压。对于田间水分较大的地区,需进行耕翻整地。垄作模式,根据墒情随中耕培土后起垄。

土壤耕作的其他技术要点与上一节相同。

(二)精量播种施肥

精量播种施肥的技术要点与上一节相同。

（三）田间管理

田间管理的技术要点与上一节相同。

三、示范区域

基于大豆玉米轮作系统，以牲畜粪便和农田废弃秸秆为主要外源有机物料，选择北方典型大豆主产区以定位试验和集中示范田为基地，在化肥减量基础上，将秸秆还田和畜禽粪便有机肥料为培肥基料，开展有机物料部分替代化肥增效技术、肥料缓释协同技术和大豆减肥全程一体化增效单项技术的提升研究，最终结合机械、耕作及其他农艺措施集成适宜于东北春大豆区域减量高效的施肥技术模式并大面积推广。在黑龙江省黑河市爱辉古城和绥化市望奎县东郊乡进行大面积示范，构建新型的、具有区域特色的减肥减药轮作模式和配套耕作栽培技术，监测土壤肥力变化和进行肥料效益评价。

黑河市爱辉古城现代农机合作社示范基地核心示范面积150亩，辐射面积1 000亩。示范区位于爱辉镇西三家子村东南方向约2.49 km（127°45′E，49°97′N）处，为固定场圃，紧邻301省道，地处中温带，年均气温 −2.0～1.0 ℃，无霜期105～120 d，年均降水量450～600 mm，年均蒸发量650 mm。绥化市望奎县东郊乡开展秸秆覆盖免耕播种化肥、农药减量栽培技术小面积示范，示范面积为45亩。此处属中温带大陆性季风气候，季节变化明显，气候四季差异大。其坐落于松嫩平原呼兰河流域，东北部为小兴安岭西麓坡地，中部为慢岗慢坡丘陵区，西南部为平原，总体呈东部较高逐步向南倾斜的带状。绥化市年平均气温3.3 ℃，年降水量543.5 mm，年平均相对湿度67%，年最大积雪深度40 cm，年日照时数为2 682.4 h，年积温为2 755 ℃，无霜期为143 d。

第四节　秸秆还田与化学肥料配合轻简化
大豆富硒实用技术

一、技术概述

目前在暗棕壤区作物施肥过于依赖化肥，虽然一定程度上能够维持作物的产量，但是产量的变化较大，不利于作物稳产高产，而且长期单施化肥造成土壤残留及养分失衡，降低了土壤质量及可耕性。化肥与有机肥或麦秸还田配施，能更好地稳定及提高农作物的产量，改善土壤结构，增加土壤中的有机碳含量，对提升土壤肥力起到重要的作用。基于暗棕壤长期试验及相关研究结果，结合农业生产实际，提出培肥农田暗棕壤的主要技术模式。

二、技术要点

(一)氮、磷化肥配施

秸秆还田时间要在适时范围内进行,秸秆直接还田时有作物与微生物争夺速效养分的矛盾,特别是有争氮的现象,可通过补充化肥来解决。通常秸秆的碳氮比约为 80 ~ 100:1,为此应适当增施氮素化肥,对缺磷土壤则应补充磷肥。据试验,玉米秸秆腐解过程需要的碳、氮、磷的比例为 100:4:1 左右,一般每公顷还田秸秆施肥 7 500 kg,需要施纯氮 67.5 kg,纯磷 22.5 kg。

(二)秸秆粉碎与翻埋方法

秸秆粉碎还田机作业时要注意选择拖拉机作业挡位和调整留茬高度,粉碎长度不宜超过 10 cm,严防漏切。玉米秸秆不能撞倒后再粉碎,否则既不能将大部分秸秆粉碎,还会因粉碎还田机工作部件位置过低扩刀片打击地面增加负荷,甚至使传动部件损坏。工作部件的离地间隙宜控制在 5 cm 以上。秸秆粉碎还田,加施化肥后要立即旋耕或耙地灭茬而后翻耕,翻压后如土壤墒情不足应结合灌水。在临近播种时要结合镇压,促秸秆腐烂分解。实施夏玉米免耕覆盖精播机械化技术时,要求前茬小麦秸秆粉碎后覆盖在地表,尽可能地减少对土壤的翻动而直接播种,以保持土壤原有的结构、层次,同时也维持和保养了地力、墒情。但一定要在播种之后及时喷洒化学药剂,以消灭杂草及病虫害。在作物生长期间也不再进行其他耕作。

(三)翻埋时间

秸秆直接还田时一般应在作物收割后立即耕翻入土,避免水分损失致使不易腐解。玉米在不影响产量的情况下应及时摘穗,趁秸秆青绿、含水率在 30% 以上时粉碎,此时秸秆本身含糖分、水分多,易被粉碎,对加快腐解、增加土壤养分大为有益。在翻埋时旱地土壤的水分含量应为田间持水量的 60%,如水分超过 150% 时,由于通气不良秸秆氮矿化后易引起反硝化作用而损失氮素。

(四)秸秆还田量

在薄地、化肥不足的情况下,秸秆还田离播期又较近时,秸秆的用量不宜过多;而在肥地、化肥较多、距播期较远的情况下,则可加大用量或全田翻压。注意应避免将有病害的秸秆直接还田。

三、适宜区域

本项技术适于黑龙江北部高寒地区,主要应用于暗棕壤土区域。

第五节　黑龙江北部区域富硒大豆生产技术规程

一、适用范围

本规程规定了大豆富硒栽培的术语和定义、产地环境、栽培技术、富硒技术、适时收获、档案管理等技术内容。

本标准适用于大豆富硒栽培,本规程适用于低硒地区和贫硒地区富硒大豆的生产。

二、规范性引用文件

下列文件对于本规程的应用是必不可少的。凡是注日期的引用文件,仅注日期的版本适用本规程。凡是不注日期的引用文件,其最新版本(包括所有的修改版)适用于本规程。

GB 1352《大豆》

GB 4285《农药安全使用标准》

GB/T 8321《农药合理使用准则》(所有部分)

NY/T 496《肥料合理使用准则 通则》

NY/T 1424《小粒大豆生产技术规程》

NY 5010《无公害食品 蔬菜产地环境条件》

GH/T 1135《富硒农产品》

三、术语和定义

下列术语和定义适用于本规程。

(一)富硒大豆(selenium rich soybean)

在大豆生长发育过程中,通过自然富硒或以自然富硒为主,以硒生物营养强化技术富硒为辅,而非收获后或加工中添加硒,获得的硒含量 0.15～1.20 mg/kg,其中硒代氨基酸含量(硒代氨酸、硒代胱氨酸和硒甲基硒代半胱氨酸含量之和)占总硒含量大于65%的大豆籽粒即为富硒大豆。

(二)硒生物营养强化技术(selenium rich technology)

通过施用经过国家登记的硒肥料或硒土壤调理剂,经生物转化而增加农产品有机态硒含量的技术即为硒生物营养强化技术。

四、产地环境

基地宜选择土壤含硒的地区,产地环境应符合 NY 5010 的规定。

五、生产技术

（一）品种选择

选择高产、优质、抗性强的品种，种子质量应符合 GB 1352 的规定。

（二）栽培技术

整地施肥、适时播种、合理密植、肥水管理、病虫草害防治等技术应按照 NY/T 1424 的规定执行或参照当地大豆栽培技术实施。

（三）肥料施用

有机肥、化肥的施用应符合 NY/T 496 的规定。

（四）农药施用

农药施用应符合 GB 4285 和 GB/T 8321 的规定。

六、富硒技术

（一）补硒原则

自然富硒生产的大豆籽料硒含量达不到 GH/T 1135 规定时，可通过人工技术补硒。大豆富硒生产是在大豆生长发育过程中，叶面喷施补硒产品，通过大豆的生理生化反应，将无机硒吸入体内转化为有机硒富集在大豆果实中，经检测硒含量达到的标准时即为富硒大豆。

（二）补硒肥料

应选择经国家登记的硒肥料或硒土壤调理剂。

（三）补硒方式

分叶面补硒和根际补硒两种方式。可根据生产实际任选一种或二者兼用的补硒方式。

1. 叶面补硒

将硒肥料配成浓度 70～120 mg/kg 的硒溶液，在现蕾期、开花期、结荚期补硒 2～3 次。每次每公顷机械均匀喷施硒溶液 450～650 kg，要求叶片、幼荚表面、茎均要喷施到硒溶液，以不滴水为度。应选阴天或晴天下午 4 时后施硒；硒溶液浓度精准，距叶片 35 cm 处细雾均匀喷施；施硒后若 6 h 之内遇雨水冲洗，应及时补喷 1 次，不应与碱性农药、肥料混用；采收前 20 d 停止施硒。

2. 根际补硒

土壤翻耕前，田间按产品说明施用硒土壤调理剂。然后翻耕，使土壤与硒土壤调理剂充分混合均匀。

七、档案管理

（一）生产操作档案

对主要农事活动应逐项如实记录。

（二）投入品使用档案

对主要投入品的品名、种类、来源、使用日期、用量、方法、效果等应逐项如实登记。

（三）物候期记载档案

对主要物候期应如实记载。

第七章 黑龙江省大豆富硒技术应用

第一节 大豆富硒技术多点应用

黑龙江省委省政府将"乡村振兴战略"作为推动农业农村工作总抓手,持续抓好农业稳产保供和农民增收,促进农业由总量扩张向质量效益提升转变,推进农业高质量发展。

黑龙江省农业科学院坚决贯彻落实中央、省委省政府部署,通过加强科技创新支撑产业发展,通过示范引领产业发展,依靠打造质量品牌推动产业发展。通过提质增效技术转化应用,在提高产量,促进早熟,增强植物抗病性的前提下,增加农产品功能属性,提升农产品品质和附加值,促进农产品提档升级;让农民不但种得好,还要卖得好,带动农民增收、企业增效,助力地方经济发展。2019 年黑龙江省农业科学院大范围示范应用生物活性硒提质增效技术,在省内设立大豆示范点 10 余个。通过大量试验证明:该技术不仅可以增加大豆的富硒保健功能,还有提高结荚率,增加四粒荚数量,增加百粒重等作用,从而显著增加产量;能促进大豆成熟期干物质积累,提升大豆蛋白含量,减少青豆,增加籽粒饱满度和成熟度,促早熟达 2~6 d;能强化植物机体,具有抗病抗倒伏的特点,从而帮助农民增产增收(图 7-1)。

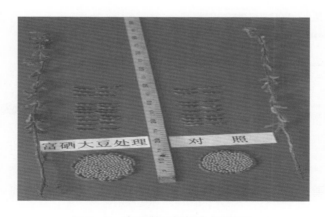

图 7-1 富硒大豆与普通大豆对比

第二节　大豆富硒技术实际案例

一、2019 年黑龙江省农业科学院黑河分院大豆富硒案例

地点：黑龙江省农业科学院黑河分院示范基地

面积：100 亩

生物活性硒处理组与对照组相比：

1. 株高增高；

2. 单株总荚数增多；

3. 四粒荚数量增多；

4. 三粒荚数量增多；

5. 单株总粒数明显增多（图 7 – 2）。

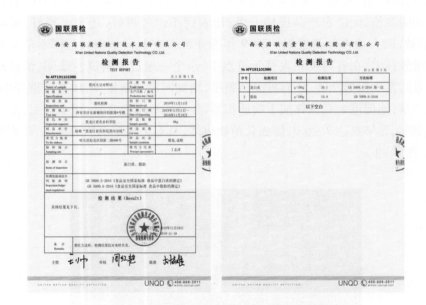

图 7 – 2　黑河分院大豆富硒案例检测报告

二、2019 年黑龙江省农业科学院佳木斯分院大豆富硒案例

案例的田间对照图片及检测报告如图 7 – 3 所示。

图 7 - 3　佳木斯分院大豆富硒案例检测报告

三、2019 年黑龙江省农业科学院南繁基地(海南)大豆富硒案例

生物活性硒处理组与对照组相比：

1. 促早熟 2 ~ 3 d；

2. 单株的三、四粒荚数增多；

3. 处理组硒含量 910 μg/kg；对照组硒含量 22 μg/kg(图 7 - 4)。

图 7 - 4　南繁基地（海南）大豆富硒案例检测报告

四、2019 年佳木斯市桦川县种植户大豆富硒案例

生物活性硒处理组与对照组相比：

1. 大豆增产 8.54% ；

2. 硒含量 118 μg/kg ；

3. 蛋白含量平均增幅 0.9% ~2.5% ；

4. 促早熟 4 ~6 d, 成熟度好；

5. 结荚率高、籽粒饱满、四粒荚数量多；

6. 抗病、抗倒伏效果显著（图 7 - 5）。

图 7-5 桦川县种植户大豆富硒案例检测报告

第八章　黑龙江省富硒蔬菜栽培技术

第一节　蔬菜生产现状及前景分析

一、黑龙江省蔬菜生产现状

由于黑龙江省自然和地理优势明显,有口岸 13 个,加之交通运输业日益发达,生产的洋葱、黄瓜、胡萝卜、番茄、甘蓝等蔬菜可出口日本、韩国和俄罗斯,已成为我国重要的出口蔬菜生产基地。随着黑龙江省种植业结构调整步伐的加快,黑龙江省蔬菜产业已进入快速发展的黄金期。截至 2020 年黑龙江省安达市、尚志市、双城市、绥化市北林区、东宁市、富锦市被列为保障夏季和中秋、国庆期间全国蔬菜供应的重点发展区域。同时黑龙江省蔬菜产业"十三五"发展规划确定全省设施蔬菜每年新增 0.67 万 hm^2 的发展目标,蔬菜在种植业中占有举足轻重的地位,在种植业中经济比重已经超过一般的大田作物。蔬菜生产区域布局初步形成了大中城市郊区设施蔬菜基地、北菜南运基地、外向型蔬菜基地和加工型蔬菜基地。目前建立各种蔬菜专业合作社 2 000 余家,而且规模大,有近百家非涉农企业携巨资进入蔬菜产业领域。在"两大平原"现代农业综合配套改革试验总体方案获得国务院的批准,方案确定在哈尔滨、齐齐哈尔、绥化等地重点发展城郊蔬菜生产区;在佳木斯、鹤岗、鸡西等地重点发展沿边出口蔬菜生产区;在哈尔滨、绥化、大庆等地重点发展夏秋菜南销生产区。

二、黑龙江省蔬菜产业发展优势

(一)地理与自然环境优势

由于黑龙江省具有独特的自然和区位优势,夏季温和的气候可生产出南方夏季不能生产或产量很低的优质蔬菜作物,如 7—9 月份生产的辣椒、油豆角、番茄、菇娘、甜瓜、西瓜、白萝卜等目前销往广州、上海、北京等地,黑龙江省已经成为我国重要的北菜南运和绿色蔬菜生产基地。油豆角、番茄、小毛葱、大蒜、旱黄瓜、干椒、茄子成为全国有优势的寒地蔬菜种类。

(二)产业发展形成了一定规模

省政府通过加大政策扶持力度、科技服务力度、市场开拓力度,重点打造了五大优质蔬菜产业集群、七大露地大宗蔬菜优势区、四个特色蔬菜基地。二十个"菜园革命"核心示范区,全省蔬菜种植业呈现蓬勃发展之势,成为加快现代农业高质量发展和促进农民增收的重要途径。

蔬菜产业已由小户分散生产向合作化生产转变。全省蔬菜合作社1 000余个,建设蔬菜高标准绿色示范区72个,带动3 000余户农户参与蔬菜种植。掀起了"菜园革命",蔬菜生产区域布局初步形成了大中城市郊区设施蔬菜基地、北菜南运基地、外向型蔬菜基地和加工性蔬菜基地。

(三)寒地蔬菜产业技术优势

黑龙江省科研院所经过30多年的研究和实践积累,蔬菜科技取得了长足进展,审定的番茄、黄瓜、大白菜、茄子、辣椒、菜豆、洋葱、甘蓝等蔬菜系列新品种70余个;相继开发了东农系列、龙园系列节能日光温室,为黑龙江省蔬菜提早延后供应做出了巨大贡献;设施蔬菜土壤生态环境研究方面达到或接近国内领先水平;获各类科研奖励20余项,其中国家科技进步二等奖1项,省科技进步一等奖7项,省长特别奖2项;成果已推广到全国20个省市及黑龙江省40多个市县,面积达30.6万 hm^2,累计新增社会效益近50亿元。

三、黑龙江省蔬菜产业发展存在的问题

黑龙江省蔬菜生产快速发展,产量大幅增长,呈现良好的发展态势,目前已成为我国重要的出口蔬菜生产基地、北菜南运基地和绿色蔬菜生产基地,但现有技术储备不能满足蔬菜行业发展的需要,与快速发展不协调,整个产业链上下游资源发展不均衡,并存在一定的问题。

(一)蔬菜种业科研与产业发展不匹配

黑龙江省现有的种子公司仅2~3家规模较大的有相应的科研人员,其他小型种子公司没有科研能力,品种选育主要由高校和科研单位进行,经营与研发脱节。尽管黑龙江省已经育成了大量的蔬菜品种,但是能够大面积推广的比较少;适合寒地生产、优势出口产品的蔬菜品种更少,种子主要依赖进口,价格昂贵。为此黑龙江省科技厅在"十二五"和"十三五"分别启动了大宗蔬菜新品种选育项目,目的是提升拥有自主知识产权蔬菜品种在国内市场的占有率,尤其是东北地区的主栽面积。针对高品质番茄的需求,东北农业大学选育了"高糖100""高糖200""黄妃"等系列品种,但目前适合黑龙江省冬春保护地生产的番茄品种主要依靠荷兰、美国进口,为红果形番茄品种,用于供应7—8月份的上海市场;适合冬春保护地生产的黄瓜品种主要是从天津黄瓜研究所引进的"津春"系列和"德瑞特"系列,水果黄瓜为荷兰和中国农业科学院、北京农林科学院选育的"迷你"系列,华南型黄瓜主要为黑龙江省农业科学院园艺分院选育的"龙园"系列如"绿春""绣春""绿剑""欣剑"及夏秋专用型的雌性系黄瓜"盛秋2号"、大刺瘤口感型的"2096",腌渍型黄瓜则为黑龙江大学选育的优质品种;适合春夏生产的大白菜品种主要从韩国、日本进口,省内反季节栽培大白菜育种刚起步,适合秋季露地生产的大白菜品种主要从山东调运,因适

应性和抗病性问题,经常减产歉收,省内近几年育成的几个大白菜品种,产业化开发刚刚起步;适合夏季露地生产的茄子品种主要由黑龙江省农业科学院和哈尔滨市农业科学院选育的龙园系列和哈农杂茄系列,春大棚种植的主要为台湾的大龙长茄,适合冬春保护地生产的茄子品种主要依靠荷兰进口;适合黑龙江省栽培的辣椒品种主要从湖南湘研种业有限公司引进,干椒品种主要为韩国的"金塔",彩椒品种从荷兰、韩国进口;菜豆品种以黑龙江大学选育的黑大系列和部分地方品种为主;洋葱品种主要从日本和欧美国家进口。

(二)产业中游生产发展迅猛,存在诸多问题

一是设施蔬菜发展缺少必备的技术支撑与统一规划。黑龙江省地处高寒高纬度地区,过去的日光温室设计是以提早延后为目的,现在各级部门提出冬季蔬菜生产,出现了各式各样的温室,结构不合理,采光和保温性能差,有的破坏了土地耕层,有的能耗高。黑龙江省设施蔬菜发展需要尽快建立适合黑龙江省气候条件的日光温室设计标准,确定符合新农村建设的棚室发展规划。

二是缺少标准化的安全生产模式。黑龙江省蔬菜生产发展迅速,但生产技术落后,依旧是传统生产。蔬菜规模化生产需要建立标准化、安全生产模式,省内技术监督部门制定了一系列生产标准,但这些标准缺乏可操作性。目前黑龙江省蔬菜生产急需建立设施蔬菜越冬栽培模式、露地蔬菜安全生产模式、节工节力简化栽培模式。

三是集约化育苗与机械化水平程度低。蔬菜规模化生产必须建立在节能高效基础上,集约化育苗是现代蔬菜产业发展的必然途径,目前黑龙江省尚未建成集约化育苗厂。我国目前已经出现劳动力紧缺,蔬菜生产由劳动密集型向机械化转变,蔬菜移栽、收获机械不能满足生产需求。

(三)产业下游出口加工、销售滞后主要体现在产后处理技术与冷链物流落后

外销蔬菜要依靠冷链物流运输,依靠制冷来保存和运输产品,这包括最佳卫生条件、气体调节、包装、分级等诸多辅助措施的技术体系。黑龙江省尚未开展相关技术研究,还没有实现冷链物流,严重制约了黑龙江省北菜南运和出口。黑龙江省蔬菜加工严重滞后,缺少规模化加工企业,尤其缺少深加工企业。目前黑龙江省北菜南运、出口蔬菜发展趋势较好,但缺少规模化经营,销售零散,缺少大型龙头企业。

四、黑龙江省蔬菜产业发展建议

黑龙江省正处于蔬菜产业发展的关键阶段,各级有关部门要按照省委省政府的要求,以建设蔬菜质量效益强省为目标,以全面提升蔬菜产品质量及品牌为核心,把发展优质、高效、生态、安全的蔬菜产业作为推进农业结构调整、转变发展方式、增加农民收入的重要手段,把保障蔬菜供应作为民生大计。因此,加强蔬菜育种、栽培、采后相关应用与应用基础研究,提升应用技术,增强技术优势,引进、利用国内外相关的先进技术成果提升黑龙江省蔬菜生产水平,实现跨越式发展,提高黑龙江省蔬菜产业在国内外市场的竞争能力,是十分必要的。针对优良品种培育与示范推广、生产设施结构优化与配套栽培技术、采后处

理与冷链物流等促进蔬菜产业发展的关键问题,要加快科技创新,加速和提高成果的转化率、应用率和普及率,促进蔬菜产业整体竞争力和效益的提升;同时加强蔬菜发展统一规划。

（一）加大国家科技资金投入

针对黑龙江省蔬菜产业发展流通瓶颈问题,建议重点对黑龙江省优势蔬菜新品种选育、配套设施与栽培技术、采后与冷链物流技术进行攻关。黑龙江省因为特殊的高寒地理位置和蔬菜生产周期短的特点,可供育种利用的亲本和优异种质数量少;在资源的评价、优异基因资源的挖掘与创制等方面工作开展力度不够,造成育成品种的遗传基础狭窄,并严重制约了突破性品种的选育,育成的高端品种、适合出口的品种较少,部分蔬菜种类主要依赖进口。目前各大跨国种业巨头已相继在我国建立研发中心,实现研发、生产和销售本土化,加剧了对我国蔬菜资源掠夺和对我国种业的冲击。因此,要以市场需求为导向,围绕均衡供应,重点开展适合冬春设施栽培的蔬菜品种和夏秋露地蔬菜品种研发,实现新品种突破,实现高端品种国产化和自给,引领和支撑蔬菜产业的可持续发展,提高黑龙江省蔬菜种业水平和产业化水平。

针对近年来黑龙江省设施蔬菜无序发展、灾害性天气频发问题,根据提早延后、越冬等不同栽培模式,首先要尽快研究开发科学实用的各类棚室优型结构,建立设施结构实施规范,并制定相应的标准化栽培模式,为黑龙江省设施蔬菜产业发展提供依据,增强黑龙江省设施蔬菜生产能力。其次要围绕蔬菜标准化技术支撑体系的建立,大力加强露地蔬菜、棚室蔬菜栽培技术的研究、集成和应用。最后要加大病虫害监测、防控技术的集成示范,完善各项技术操作规程,科学防控病虫害。

随着蔬菜规模化、企业化生产越来越多,劳动力成本越来越高,机械化操作水平低等问题已成为制约黑龙江省蔬菜发展的瓶颈。因此,今后蔬菜生产要简化操作程序,加大对简化栽培技术和机械化、自动化生产技术及装备的研发,切实减轻菜农劳动强度,提高生产效率。

黑龙江省蔬菜产业的可持续发展必须是在保证销路基础上进行,因此需加强采后分级、清洗、冷藏保鲜、包装等冷链物流技术的研究应用,加快对脱水、速冻、深加工等技术研发,通过拓宽市场、提高加工转化率和产品附加值,为蔬菜产业的健康快速发展提供科技支撑。

（二）制定黑龙江省蔬菜发展规划

针对黑龙江省蔬菜生产快速发展态势,要根据区域优势尽快确立外向型蔬菜生产基地实施区域,外向型蔬菜生产基地不宜分散。黑龙江省外向型蔬菜生产基地可分为出口加工基地和北菜南运基地,每个基地要控制在相邻的1~2个县内,基地集中便于物流运输,如山东省寿光市。黑龙江省适合北菜南运的蔬菜,主要是7—9月份露地生产的大白菜、油豆角、西甜瓜,7—8月份棚室生产的番茄,因此各地市县发展设施蔬菜要以供应当地为主,适度控制发展规模,重点确定1~2个相邻市县集中发展设施蔬菜和露地蔬菜,实现北菜南运规模化。

财政扶持蔬菜发展资金要重点用于仓储、物流运输上。黑龙江省蔬菜产业发展的瓶颈除科技之外,就是冷链物流运输。外销蔬菜要依靠冷链物流实现,最佳卫生条件、包装、分级等诸多辅助措施是保证稳定销路的基础。目前黑龙江省蔬菜外销不具备冷链物流运输条件,没有建成蔬菜冷链物流园区。过去黑龙江省财政扶持蔬菜发展资金主要用于设施、示范园区建设,仓储、物流运输明显滞后,导致蔬菜产业发展链条不均匀,有弱点。如今财政资金除扶持发展蔬菜生产外,开始在蔬菜窖储上给予补贴,逐步引导蔬菜产业链条延伸。建议财政扶持蔬菜发展资金要重点用于物流运输上,在外向型蔬菜生产基地建立冷库、物流园区,对销售企业给予支持,尽快实现外销蔬菜包装、分级、冷链物流。

第二节　大蒜富硒栽培技术

大蒜具有富积硒的能力,大蒜本身具有重要的生理活性,可有效提高免疫力,清除体内活性自由基,这与硒有协同增效作用。因此,在富硒土壤上或采用富硒技术生产富硒大蒜是最佳选择。富硒大蒜具有如下功能:①抗癌、抗氧化、杀菌消炎、增强免疫力、延缓衰老、抗重金属中毒、抗辐射损伤、减轻化学致癌物和农药及间接致癌物的毒副作用;②对肝癌、胃癌、胃腺癌、前列腺癌、心血管疾病、神经性病变、炎性病等疾病有治疗和预防作用;③在家蓄、水产养殖业使用,能降低发病率、死亡率,可代替抗生素防止多种疾病的发生,并能有效提高动物的免疫功能和繁殖率;④富硒大蒜的抗菌消炎功能远大于普通大蒜,因此有权威专家称"富硒大蒜是地里长出来的抗生素";⑤美国抗癌研究协会的试验表明,富硒大蒜的抗癌效果比普通大蒜高 150~300 倍,因此预言"富硒大蒜油是 21 世纪后期全世界最理想的抗癌圣药",富硒大蒜的药用价值和发展前景依据德国康维公司(全球最权威的大蒜研究机构)的科研结果表明:大蒜中含有的硒和锗 78% 贮存在"大蒜辣素"中,采用富硒大蒜为原料提取"大蒜油""大蒜辣素"和"新大蒜素"是最佳方案。当富硒大蒜中的硒比普通大蒜高 60 倍时,提取的"大蒜素晶体"是迄今为止具有最高抗菌效果的抗生素,可取代现有大多数抗生素,并且无抗药性。

1994 年我国成功栽培获得富硒大蒜,并完成了富硒大蒜体外抑癌作用,体内预防 – 甲基 – N' – 硝基 – N – 亚硝基胍(MNNG)诱发大鼠胃癌,防治裸小鼠和大鼠移植性胃癌、胃腺癌和高脂血症效果的调查研究,证明硒的掺入显著提高了大蒜防抗病活性,富硒大蒜中硒的活性高于亚硒酸钠。之后,检测发现大蒜中主要含 Se – 甲基硒半胱氨酸和 γ – 谷氨酰胺 – Se – 甲基硒半胱氨酸,不同于传统概念上的膳食硒形态。国外学者比较富硒大蒜和硒酵母对 7,12 – 二甲基苯蒽(DMBA)和甲基亚硝基脲(MNU)诱发的乳腺癌的抑制效果,硒酵母主要含硒蛋氨酸,结果证明富硒大蒜比硒酵母更能有效抑制乳腺癌的发生和发展。此外,检测还发现食用富硒大蒜大鼠的肝、肾、乳腺、肌肉和血浆中累积的硒含量显著低于食用硒酵母的,避免了因组织累积过量硒而导致硒中毒现象。一项研究证实大鼠分别摄入以 Se－甲基硒半胱氨酸和硒蛋氨酸为主的饲料,前者大鼠血清 GSH－Px 酶活性显著低于后者,但前者预防结肠癌活性则显著高于后者,提示 Se－甲基硒半胱氨酸抗氧化功能不及硒蛋氨酸,Se－甲基硒半胱氨酸至少部分地通过其他作用机理发挥较高防癌活性。

国外研究还证实,Se－甲基硒半胱氨酸具有调节大鼠乳腺癌癌前病变损伤细胞的生长和凋亡的作用,γ－谷氨酰胺－Se－甲基硒半胱氨酸和 Se－甲基硒半胱氨酸具有极其相似的生物活性。通过比较 6 种合成的 Se－烷基硒代半胱氨酸及其衍生物对两种小鼠乳腺上皮细胞株生长、细胞凋亡和 DNA 损伤的影响,认为 Se－甲基硒代半胱氨酸活性最高。可见,富硒大蒜是高效硒和硫化合物的载体植物,其中的含硒化合物是目前在生物材料中发现并证实的活性最高的硒种类。大蒜中含硒化合物不仅具有抗氧化功能,还可通过其他作用机理发挥功能活性。

在黑龙江省种植富硒大蒜可以选择在宝清、富锦种植,不用人工富硒即可种植出优质的富硒大蒜,现将其栽培技术介绍如下。

一、品种选择

可选择黑龙江的阿城大蒜或者八瓣蒜(图 8－1)。选种人工扒皮掰蒜,去掉大蒜托盘和茎盘,按大、中、小和蒜心分级,选择粒大、无损伤、无光皮的蒜瓣做种,蒜种原则要求每粒种瓣重 5 g 左右。

图 8－1　紫皮蒜和八瓣蒜

二、整地施肥

大蒜对土壤要求不高,但在富含有机质、疏松肥沃、排水良好的土壤中较丰收,最好选择地势平坦的地块种植。要求深耕细耙、精细整地。在前作收获后应及时施基肥,每亩施腐熟有机肥 5 000 kg,大蒜专用复合肥 30 kg 或尿素 10 kg、磷肥 15 kg、钾肥 20 kg。均匀撒施,然后立即耕地,翻土深 20~30 cm,细耕细搂 2~3 遍,使肥与耕层土充分混匀,做到地平肥匀。

三、播种

(一)适期播种

宜在 4 月初播种,要在畦面开沟播种,沟深 4~5 cm,株行距 20 cm×16 cm,每沟播种 1~2 粒种子,播种后盖上一层 1 cm 厚的薄土,再浇水使土壤湿润。

(二)合理密植

合理密植是大蒜优质高产的关键措施。栽培密度应掌握在每亩栽 3 万~4 万株,株距为 6~8 cm,行距为 20 cm,每亩用种量应在 150~200 kg,大蒜瓣播种宜稀,小蒜瓣播种宜密。

(三)播种方法

播种有开沟点播和打孔点播两种方式。开沟点播就是从墒的一侧以 20 cm 的行距用角锄开 5~6 cm 深的浅沟,在沟内按 6~8 cm 的株距整齐一致地摆蒜,播后顺手覆土。整墒播完后将墒面土搂平。打孔点播就是按计划的株行距打孔,播种时打孔深 6~7 cm,孔粗以能顺利播入种瓣为准,点种后用土填实孔眼即可。

四、田间管理

(一)发芽期管理

大蒜适期播种后 10~20 d 即可出苗,此时应保持土壤湿润,利于出苗快而齐。但不能过湿,否则易造成闷芽、烂根、缺苗断垄且苗瘦弱、表土板结等现象,不利于出苗。积水时要排水降渍。

(二)苗期管理

大蒜齐苗后,应控水促根,不旱不浇,浇后松土。越冬前适当蹲苗,结合中耕及时除草,防止草荒。为使幼苗生长健壮,在施足底肥的基础上须视苗情和地力,及时追氮、钾肥 1~2 次。

(三)膨大期管理

蒜头膨大期是生产优质蒜头,实现高产、高效益的关键时期,进一步加强肥水管理,视苗情和地力,在浇催头水时,适量追施 1 次速效化肥,每亩用尿素 5 kg。

五、病虫草害防治

(一)草害防治

除草采取农业防除为基础,化学防除是关键的策略,并综合运用。农业防除法采用深翻整地、中耕除草、轮作换茬等措施。化学防除法即大蒜播种后出芽前防禾本科草用 48%氟禾灵 200~250 mL、33%除草通 200~250 mL 兑水 40~60 L 均匀喷雾。阔叶草的防除是在大蒜出芽前每亩用 50% 扑草净 80～100 g 兑水 30～40 L,或 24% 果尔 50 mL、37% 抑草宁 170 mL 兑水 50～60 L 喷雾。使用除草剂要求土壤湿润,有利于草籽发芽,才能发挥除草剂的除草效果。

(二)病害防治

防病毒病的措施有运用脱毒蒜种;消灭大蒜植株生长期间及贮藏期间的蚜虫、蓟马等传毒媒介。大蒜田周围不要种植其他葱属作物,如大葱、小葱、韭菜等;实行 3～4 年轮作,避免与其他葱属作物连作;从幼苗期开始,及时拔除发病植株,以减少病害传播。发病初期每亩用 1.5% 植病灵乳油、20% 病毒 A 可湿性粉剂、83 增抗剂,每隔 10 d 喷 1 次,连续喷 2～3 次。

叶枯病是大蒜生长期的主要病害,危害严重时大蒜不易抽薹,影响产量。一般在 4 月中旬发病初期每亩用 75% 百菌清可湿性粉剂 100 g,兑水稀释 1 000 倍喷雾 1 次即可。

(三)虫害防治

蒜蛆偏重发生的地块,结合整地,在大蒜种植开沟时,每亩沟施草木灰 40 kg,能有效控制蒜蛆发生。蒜蛆危害严重时,每亩用 50% 辛硫磷乳油 100 mL,兑水稀释 800 倍灌根。

六、采收

大蒜叶片发黄,蒜瓣突出时收获。收获后及时晾晒干透,防暴晒,防糖化。适期收获是提高蒜头产量、质量的最后一环。收获过早,蒜头嫩而水分高,组织不充实、不饱满,晾干后易干瘪、低产、质劣;收获过迟,蒜皮发黑,散瓣裂瓣蒜增多,商品性下降。

第三节　茄子富硒栽培技术

茄子是我国北方地区的四大夏菜之一。茄子适应性广、结果期长、产量高,且营养价值很高,其主要成分有葫芦巴碱、水苏碱、胆碱、氨基酸、钙、磷、铁及维生素 A、维生素 B、维生素 C,尤其是糖分含量较番茄高一倍。茄子即可冷拌,也宜熟烹、盐渍。古代医学研究证实,常食茄子不易得黄疸病、肝脏肿大、动脉硬化等病。茄子相比其他蔬菜更有营养是因为其富含维生素 P,其中以紫色品种含量最高。维生素 P 能增强人体细胞的黏着力,增加毛细血管的弹性,有防止维生素 C 缺乏病和增进心肌供血的功能。因此,常吃茄子对高血压、动脉粥状硬化、咯血、紫斑症及维生素 C 缺乏病等疾病有预防作用。茄子生育周期较长,在我国东北地区春季以大棚栽培和露地栽培等方式为主,按照栽培技术可以分为自根栽培和嫁接栽培等。

一、品种选择

在黑龙江省早春茄子栽培应选用抗寒性强、耐低温弱光、生长势中等、丰产性好、抗病性强的品种。目前比较适宜的大棚品种为"龙杂茄201""大龙长茄";适宜露地栽培的有"龙杂茄16号""哈农杂茄1号"等(图8-2)。

图8-2 "龙杂茄201"和"龙杂茄16号"

二、培育壮苗

(一)定植时间

茄子在早春大棚栽培的播种期为1月中、下旬,定植期在3月下旬或4月初,果实采收期为5月中旬到7月上旬,如果采用嫁接栽培,可一直采收到10月下旬。秋延后大棚栽培的播种期在4月下旬或5月初,定植期在6月下旬或7月初,采收期在8月中旬到10月中下旬。露地栽培则在3月中旬育苗,哈尔滨地区在5月下旬定植。

(二)嫁接栽培

为使砧木和接穗的最适嫁接期协调一致,砧木应比接穗提前播种,托鲁巴姆较接穗提前30~35 d播种,低温季节取上限,高温季节取下限。当砧木和接穗长到2~3片真叶时分苗,移入营养钵内,营养土要求为腐熟的优质有机肥,营养元素齐全,加快缓苗速度及促进幼苗期植株的生长发育。移栽时要浇透底水,移栽后适当遮阴以加快其缓苗过程。分苗缓苗后,追1次提苗肥。如果采用苗床移苗,可在苗床内撒一层肥土,配制比例为大粪干:饼肥:腐熟马粪:细土=1:1:1:8,以提高幼苗的抗性,促进幼苗根、茎、叶的健壮生长和早期花芽分化。

春大棚茄子生产中黄萎病、根结线虫病等土壤传播病害十分严重,危害很大,一般死秧50%~70%,严重的甚至绝收,嫁接茄子从根本上防止这些土壤传播病的发生。嫁接后的植株可生长到1.5~2 m,采摘期长达200多天。在产量方面,平均每株可采收茄子30多个,最多每株可采收茄子40~50个,667 m²产量可达10 000 kg。在商品性方面,嫁接茄子单果重大、品质好,最重要的是嫁接茄子抗病性强,减少了农药的使用量,从而减少了茄子农药的残留量。目前生产上采用比较多的砧木材料为托鲁巴姆。当砧木长到 6~8 片真叶时,接穗长到 5~7 片真叶时,茎粗 3~5 mm,茎半木质化时(切开时露白茬)为最佳嫁接时期。嫁接方法为劈接法或斜切接法。

(三)嫁接后管理

茄子嫁接后应马上放入提前准备好的塑料小拱棚内(拱棚应覆盖遮阳网),嫁接完 3 d 内不要打开棚膜和遮阳网,应使棚内温度尽量保持在 25~28 ℃,夜间温度 18~22 ℃,湿度 95% 以上。3 d 之后开始从小拱棚两头慢慢放风,以调节小棚内的空气和湿度。

三、田间管理

(一)肥水管理

春大棚嫁接栽培每 667 m² 施足优质有机肥 7 000 kg 以上,磷酸二铵和硫酸钾各 50 kg。露地则可施用优质有机肥 3 000 kg 或者生物有机肥 500 kg,加上三元复合肥 50 kg。嫁接苗的定植密度为 2 000~2 200 株/亩,拐子苗(以利于植株过高时吊绳或搭架)。最好铺地膜,可安装膜下滴灌。定植时要注意嫁接口留出地面 3 cm 以上,以免接穗感染土传病害。当门茄果实开始膨大时追肥,不能过早追肥浇水。施肥每亩用尿素 10 kg、硫酸钾 7.5 kg、磷酸二铵 5 kg 混合穴施,并结合施肥进行浇水。在门茄膨大前不浇水。第 2 次追肥在对茄开始膨大时开始,追肥数量、种类及方法同第 1 次,再次追肥间隔约 10~15 d。

(二)富硒处理

富硒处理有两种方式,一种为在富硒土壤上种植,如在黑龙江省的宝清、富锦等地种植;一种为采用生物活性富硒肥液处理,茄子始花期喷施第 1 次,可间隔 15 d 喷施 1 次,生育期喷 3 次。

(三)整枝管理

采用双干整枝(V 形整枝),有利于后期群体受光,即将门茄下第 1 侧枝保留,形成双干,二分叉以下侧枝全部打掉,以减少养分浪费。对茄采收后,将门茄以下的叶片摘除,"四面斗"采收后将对茄以下的叶片摘除,以此类推,同时在生长过程中要把病叶、变色叶、老叶及时摘掉,可通风、透光、防病、防烂果,同时也要去掉砧木上发出的叶片。摘除叶片要在晴天的上午进行,伤口经过高温进行结痂愈合。

四、病虫害防治

(一)茄子黄萎病

茄子黄萎病是东北地区茄子生产中的第一大病害,茄子黄萎病发病危害的主要时期在生长的中期和后期,门茄开始坐果进入该病的多发期。茄子黄萎病发生后,受害部位从下部叶片开始向上发展,或从一侧向全株发展,受害植株叶片先是从叶尖或叶缘开始褪绿、变黄,逐步发展到半片叶或整片叶变黄。到了生长后期植株明显矮化,结果能力降低,果小而硬(图8-3)。

图8-3　茄子黄萎病症状及特点

防治方法:忌连作。要与瓜类、豆科、十字花科等非茄科作物进行2~3年轮作。在连作地块,嫁接方式为最有效防治方法;在非连作地块,可以施用有机肥结合生物菌剂(如用"中抗6号"灌根处理,效果较好)。

(二)茄子褐纹病

茄子褐纹病是茄子生产中的重要病害之一,全生育期都可以染病受害,国内各生产区都有发生,未表现出症状的受侵染果实,在储藏和运输期间还可以引起发病。茄子褐纹病主要侵染茄子叶片、茎及果实,成株期受害,受害叶片多从底部叶开始,受侵叶片初期产生苍白色小斑点,发病后期病斑扩大呈现圆形、近圆形或多角形,病斑中部淡褐色,具有轮纹,上生黑色小点,病斑边缘色深,轮廓清晰。茎受害病斑呈梭形,凹陷,边缘褐色,病斑中部灰白色,上生黑色小点,严重时受侵茎部皮层脱落,露出木质部。果实受害,受侵部位产生圆形或长圆形凹陷斑,病斑黑褐色,具有规则同心轮纹,上生黑色霉点,严重时果部病斑连成片使病果干腐成僵果脱落或挂于枝头(图8-4)。

图8-4　茄子褐纹病症状及特点

防治方法:茄子褐纹病只侵染茄子一种作物,因此可与瓜类、豆科、十字花科等其他作物轮作。选用抗病或耐病品种,采用温汤浸种或药剂处理。控制定植密度,让株间通风良好。播前收后彻底清除病残体,培育选用壮苗,施足底肥,多施磷、钾肥,增强抵抗力,发病初期及时摘除病叶销毁。发病初期可选用47%加瑞农可湿性粉剂600倍液、百菌清粉剂800倍液、70%代森锰锌干悬粉500倍液、58%甲霜灵·锰锌可湿性粉剂500倍液、72.2%普力克水剂600倍液喷雾,7 d喷1次,连续施用2~3次,应在采收前7 d停止用药,使用其他杀菌剂时,应在采收前3 d停止用药。

(三)茄子绵疫病

茄子绵疫病不仅会引起生产期间产生烂果,收获后茄果在储藏运输期间也会继续腐烂,因此茄子绵疫病一旦发生损失会比较严重。茄子绵疫病在我国各地区都有发生,苗期、成株期均可受到侵染,主要侵染茄子的果实、叶片、花器、嫩茎,尤以果实受害最为严重。成株期染病,受侵叶片初期产生暗色、水侵状病斑,病斑形状无规则、边缘不清晰,逐步发展为暗褐色病斑、近圆形具有轮纹,空气潮湿时,病斑迅速扩大,边缘产生稀疏霉状物,干燥时病斑扩展缓慢,容易干枯破裂。严重时病斑连接成片,整个叶干枯。果实受害,大多在果实中部开始出现症状,在受害部位产生圆形、暗褐色水浸状病斑,病部凹陷,病斑部产生大量白色棉毛状霉层,病果容易脱落,很快腐烂,不脱落的病果成僵果状挂于枝上。茎部发病,产生梭形水浸状病斑,凹陷,严重时绕茎一周,植株容易折断,湿度大时上生稀疏白霉(图8-5)。

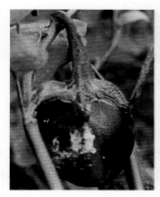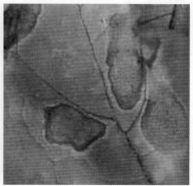

图8-5　茄子绵疫病症状及特点

防治方法:茄子绵疫病发病率与田间积累的病原菌量有直接关系,田间管理同褐纹病。发病初期要立即用药防治,可用10%的世高、40%福星、72%克露、69%安克锰锌,7 d喷1次,连续施用2~3次。为防止形成抗药性,每次用药宜采用不同种类药剂。

(四)蚜虫

蚜虫俗称腻虫。以成虫和若虫在植物叶背和嫩茎、嫩梢上吸食汁液。瓜苗嫩叶和生长点被害后,叶片卷缩,瓜苗生长缓慢萎蔫,甚至枯死。老叶受害,提前枯落。蚜虫繁殖力极强,群聚为害。可采用黄板诱杀。利用蚜虫对银灰色有负趋性的原理,可在田间悬挂或覆盖银灰膜驱避蚜虫。化学防治使用 50% 抗蚜威（辟蚜雾）、3% 莫比朗、2.5% 保得、2.5% 天王星、10% 氯氰菊酯、40% 菊杀、2.5% 高效氯氰菊酯、10% 高效灭百可。

（五）红蜘蛛

红蜘蛛以成虫和若虫积聚在叶片的背面，一方面以其刺吸式口器吸取汁液，对寄主组织直接造成伤害，另一方面又分泌有害物质对植物产生毒害作用。叶片受害后形成枯黄色色斑，严重时全叶干枯脱落，甚至造成全株死亡。高温低湿地危害最重，干旱年份易于大面积发生，温度达 30 ℃ 以上和湿度超过 70% 时，不利于其繁殖，暴雨对其有抑制作用。叶片愈老受害愈重。

防治方法：清除杂草及枯枝落叶，消灭越冬虫源。注意利用和保护天敌。药剂防治采用 10% 浏阳霉素、1.8% 农克螨、20% 灭扫利、20% 螨克、20% 哒螨酮、50% 阿波罗、73% 克螨特（图 8-6）。

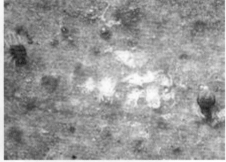

图 8-6　茄子红蜘蛛危害及特点

（六）美洲斑潜蝇

美洲斑潜蝇成、幼虫均可为害，雌成虫飞翔把植物叶片刺伤，进行取食和产卵，幼虫潜入叶片和叶柄为害，产生不规则蛇形白色虫道，叶绿素被破坏，影响光合作用，受害重的叶片脱落，造成花芽、果实被灼伤，严重的造成毁苗（图 8-7）。

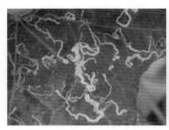

图 8-7　茄子美洲斑潜蝇危害及特点

防治方法:严格检疫。种植前深翻菜地,埋掉土面蛹粒,使之不能羽化。合理套种、间种抗虫作物,安排如苦瓜、葱、大蒜、萝卜等异味蔬菜轮作,或套种、间种,抑驱幼、成虫,减轻危害。可用黄板诱杀。在田间初见被害叶片时(叶片有蛇形虫道)立即用药,做到成虫和幼虫一起防。最好选用兼具内吸和触杀作用的杀虫剂,如选用20%斑潜净、5%阿维菌素、40%绿菜宝、5%锐劲特悬、5%抑太保,药剂充分渗透叶片,杀死幼虫。同时要特别注意轮换、交替用药,以免害虫产生抗药性。防治时间掌握在成虫羽化高峰的8—12时效果最好。

五、采收

茄子果实达到商品成熟时要适时采收,不但品质好,而且不影响上部果实的发育。采收标准依据果实萼片下面一段果实颜色特别浅的部分,这段果皮越长,说明果实正在生长,以后逐渐缩短,颜色不显著时应及时采收。如采收过早影响产量,过晚果实内种子发育耗掉养分较多,不但品质下降,还影响上部果实生长发育。一般茄身长势过旺时应适当晚采收,长势弱时早采收。

第四节　黄瓜富硒栽培技术

北方人喜生食黄瓜。华南型黄瓜瓜小,清香味浓,是东北地区早春和夏秋比较受欢迎的蔬菜品类。黑龙江省农业科学院园艺分院开展华南型旱黄瓜育种已有60余年的历史,在全国的旱黄瓜育种方面一直处于领先地位,选育的"龙园系列"旱黄瓜为近20年来东北地区早春大棚的主栽品种。2020—2021年采用生物富硒液喷施技术生产了富硒旱黄瓜,由于其清香味浓、口感甜脆,在市场上广受好评,现将栽培技术介绍如下,以供大家参考。

一、品种选择

"龙园系列"旱黄瓜均为极早熟或早熟品种。以"龙园绿春"为例,其特征如下:以主蔓结瓜为主,第一雌花着生在3～5节,直播,从播种到采收37 d,植株长势中等,株幅小。瓜色鲜绿,有光泽,瓜条顺直,长20 cm左右。白刺稀少,皮色耐老,果肉绿白色,风味清香,肉质脆嫩,每100 g含维生素C 15.44 mg,商品性好。高抗枯萎病,兼抗霜霉病及灰霉病等三种以上病害。适宜进行春季抢早栽培,尤其适合作为秋菜等两茬作物的前茬品种,前期产量高,单产3 000～5 000 kg。"龙园绿春"为鲜食品种,也可以作加工用(图8-8)。

二、培育壮苗

(一)播前准备

播前准备好透气性好、营养齐全、酸碱适宜不含病原菌的床土,具体比例为大田土(最好是葱蒜茬)7 份,腐熟有机肥(最好是鸡粪)3 份,磷酸二铵 0.5 ~ 1 kg/m³,50% 多菌灵 100 g。将配好的营养土装于营养钵中,土面离钵口 1 cm,放于温暖处等待播种。

图 8 - 8 "龙园系列"华南型黄瓜

(二)催芽

以定植日期为基数往前推 25 ~ 30 d,天气越冷,育苗温度越低则需苗龄越长。哈尔滨地区春大棚在 3 月中旬,露地 4 月中旬播种。温汤浸种:将精选的种子放在 55 ℃的温水中向一个方向不断搅动,待水温降至 20 ℃时保持此温度浸泡 8 h 左右,将浸透的种子捞出用纱布包好放在盆内,在 28 ~ 30 ℃的地方催芽,在催芽过程中经常翻动种子,使其受热均匀,避免无氧呼吸、种子腐烂。

(三)播种

一般情况下浸种催芽需要一天一夜的时间,然后第二天就可以播种了。而抓住播种的有利气候是出齐苗的一个重要条件。一般要在寒流末的最后一天浸种,则播种是在气温回升的第一天,接下来的 3 ~ 4 d 正好有利于出苗(出苗正常情况下需 3 d 左右)。出苗后不需高温,怕小苗徒长,而此时又有一股寒流出现,达到了降温的目的。当芽长至

0.3 cm时播种最适宜。先将营养钵中的基质浇足底水,每个营养钵中放一粒种芽,将芽朝下放入钵中,覆土1 cm,然后在钵上覆地膜,保水防止蒸发,播种后温度保持在26~30 ℃,当种子破土时即可揭去覆盖物。

（四）苗期管理

苗龄25~30 d即可,注意不要过长,否则易出现花打顶小老苗现象,出苗后保持白天温度22~25 ℃,夜间16~18 ℃,一叶一心期植株开始进行花芽分化,低夜温短日照有利于雌花形成,因此白天只需要光照,夜间温度控制在16 ℃以下,则瓜出现节位低且多。苗期可喷1 000倍液高锰酸钾消毒,防止病害发生。定植前几天加大通风适当练苗。

（五）培育壮苗

苗龄25~30 d,4~5片真叶,茎较粗、节间短、叶片大而厚、叶柄短、叶色深绿,根系新鲜而繁多,植株开始出现雌花,底部茎较粗,稳定性好为壮苗。

三、整地施肥

（一）整地

最好选用葱蒜茬及玉米茬口,或轮作5年以上的地块为宜,避免与瓜类作物重迎茬和使用残留杀双子叶（阔叶）除草剂的地块。这样可以减少病虫害的发生及除草剂药害造成的黄瓜不断萎蔫死亡。在寒冷的北部地区,早春为了提高地温,一般做成宽60 cm左右的高垄或120 cm宽的高畦。要避开压线滴水线,防止黄瓜浇根,栽单行或双行,株距35~40 cm,近年来也有做成平畦栽培,畦高80~100 cm,株距20~27 cm,行间可套种生菜、油菜及其他叶菜类蔬菜。高畦有利于提高地温,利于缓苗及减轻病害;平畦虽然温度低、病害较重,但灌水容易。

（二）施肥

黄瓜是喜肥水蔬菜,为保证产量,必须充分施肥。翻地前全面增施有机肥,施5 000 kg/667 m²腐熟的有机肥,不仅能改善土壤条件、提高土温,还能促进二氧化碳的产生,有利于光合作用。由于黄瓜根系发达,并且根系都在土壤表层,所以在普遍施肥的基础上集中施肥、浅施、多次追肥为好。在有机肥腐熟过程中要喷洒杀虫剂,防止蛴螬等地下害虫,在定植秧苗前每667 m²施磷酸二铵15 kg、钾肥10 kg,作埯肥以促进结瓜。

（三）地膜覆盖

进行地膜覆盖栽培,以便达到抗旱、减涝防草、提早成熟、提高产量的目的,抓紧墒情好的时机,及时扣上地膜。膜下放置滴灌或者喷灌。

（四）定植

大棚黄瓜定植条件应当保证土壤温度稳定在10 ℃以上,不低于5 ℃,这主要决定于棚内的防寒设施。定植必须选在晴天上午进行,定植后能赶上3~5个晴天为好。传统的春大棚定植时间,长春为 4 月上旬,哈尔滨为 4 月下旬。而近年来由于多层覆盖技术的发展,在塑料大棚内覆盖一层保温幕(塑料布或不织布),下部扣小拱棚,可提前 20 多天定植。春露地定植一般在晚霜过后,哈尔滨地区在 5 月中下旬可以定植,如果增加保护措施,如小地龙(用竹劈支成拱状,上面扣地膜及农膜)等则可提前半个月定植。定植前不要给小苗浇水,以免苗过脆易折,定植穴内先灌满水后栽苗,则小苗一沾水叶片就不萎蔫了。华南型旱黄瓜长势弱、株型较小,为了赢得早期的产量适于密植,亩保苗 4 000 株左右。

四、田间管理

(一)水肥管理

缓苗后浇一次缓苗水,到根瓜膨大之前不用浇水,中间可喷一次叶面肥,在根瓜长到一定程度时要及时打掉,否则小苗带大瓜容易坠秧,造成植株长势早衰,影响中后期产量。采收后才可以浇水追肥,否则易造成营养生长过旺,导致疯秧现象。盛瓜期及时灌水、追肥,一般采收后随水追腐殖酸肥料,每采收 3 次施 1 次肥效果佳,瓜条顺直,而且瓜条膨大速度快,结瓜多。

(二)温度管理

春大棚黄瓜早熟栽培,一方面要注意夜间低温危害;另一方面防止白天温度过高烤苗。地温过低影响早熟,产量下降。当棚温达 25 ℃就要小面积放风,否则达到 35 ℃再放风,就会由于继续升温造成烤苗。白天温度要保持在 24 ~ 28 ℃,夜间尽量保持在 15 ℃左右。早春放风在白天进行,利用天窗通风。如放底风从底部掀开通风,则底部挡上塑料布防止扫地风伤苗,下午及时收风。随着气温的升高,夜间大棚周围的防寒物可逐渐撤去。当夜间外界温度高于 15 ℃时,加大夜间通风量,保持昼夜温差,有助于壮秧增产,也有利于防病。

(三)富硒处理

在第一个瓜开花时,采用生物活性富硒肥液喷施处理,间隔 20 d 再喷施 1 次。

(四)搭架及绑蔓

当植株长到 6 ~ 7 片真叶,卷须出现时,就可以开始插架或吊蔓,绑蔓时可按 S 形迂回绑法防止植株过早达到顶棚,去除部分雄花和卷须,但不要伤及子叶。使叶子摆布均匀防止遮光。侧蔓留一个瓜后摘心,整个生长季节及时绑蔓,后期适当打掉底叶、病叶。要及时采摘难以防治的病瓜、病秧并及时处理,可深埋或烧掉,防止病害蔓延。

五、病虫害防治

采用预防为主,综合防治的原则。生育过程严格控制温度和肥水,使植株健壮生长。苗期喷一遍 800 倍稀释的高锰酸钾消毒,并结合悬挂黄板对蚜虫、白粉虱进行诱杀,适时喷施链霉素和甲霜灵等药剂预防细菌性角斑病和霜霉病。发病后角斑病可以用可杀得、角斑净；霜霉病用普力克、杜邦克露等药剂交替使用，并要求喷施两遍以上；可使用氧化乐果、万灵等杀灭蚜虫等。

六、采收

根瓜及早采收，免得瓜坠秧；商品瓜及时采收，盛瓜期每隔 1 d 采收瓜 1 次。

第五节 春大棚薄皮甜瓜富硒栽培技术

一、品种选择

在黑龙江省早春大棚种植薄皮甜瓜可选择"鹤丰金喜""龙甜 9 号""龙甜 10 号""地依""甘一美香""靓甜"等早熟、抗病品种（图 8-9）。

(a)龙甜9号　　　　　　　　(b)龙甜10号　　　　　　　　(c)甘一美香

图 8-9　黑龙江省优异的薄皮甜瓜品种

二、培育壮苗

选用饱满度好的种子，用 55 ℃温水浸种，开始不断搅拌，待水温降低到 30 ℃左右，浸种 6~8 h。捞出沥水，用纱布包好，外面用塑料袋或膜包装好，放到 28~30 ℃环境下催芽。甜瓜"露白"即可播种，每钵 1 粒，覆土厚度 1 cm 左右，然后覆膜，待出苗 30% 左右揭膜。

三、苗期管理

播种后白天保持 28~30 ℃，夜温 16~18 ℃；出苗后至第一片真叶出现前适当降温，白天 24~26 ℃，夜温 14~16 ℃；第一片真叶出现后，白天 28~30 ℃，夜温 16~18 ℃。定植前一周，揭膜炼苗，准备定植。

四、田间管理

(一)前期准备

采用覆膜栽培技术。在覆膜前用除草醚、敌草胺,在技术人员的现场指导下喷施或严格按说明书使用。用除草剂一周后再栽苗,提前定植易产生药害和畸形瓜。

(二)定植

在棚温稳定在 12 ℃以上,土壤温度稳定在 15 ℃以上方可定植,过早气温低易产生冷害,对甜瓜发育不利。双城定植时间在 4 月 20 日左右,如有二层膜,可考虑提前 7 ~ 10 d。株行距 100 cm × 33 cm。

(三)关键技术

1. 掐顶技术

主蔓单干吊蔓一次掐顶,就是将主蔓一直缠绕到接近吊蔓胶丝绳顶部时,一次性掐尖。此法适合植株不徒长、子蔓发得好、生长正常甜瓜秧的管理。该掐顶法,第一茬瓜比两次掐顶的膨瓜速度慢,但第二、三茬瓜较早,植株不易发生老化现象。

2. 富硒技术

在甜瓜第一个雌花开花期喷施生物富硒营养液,20 d 后再喷施 1 次。

3. 留瓜技术

一般第四片真叶以下长出的侧蔓全部去掉,用 5 ~ 10 节侧蔓作为结果蔓,幼瓜后面留一片叶后其他叶片与子蔓生长点一起去掉。一般主蔓长至 25 ~ 30 片叶时去掉生长点,以促瓜控秧。一般 11 ~ 18 节位不留瓜,但生出的子蔓、孙蔓可留 1 片叶掐尖。每茬坐瓜后,多余空蔓可酌情剪掉。待第一茬采收后,将蔓放下,再留两茬瓜,一般单株两茬瓜总采瓜数 7 ~ 10 个。

4. 保瓜技术

需采用"强力坐果灵",不但可解决化瓜问题,而且幼瓜生长速度快,提早上市,产量、商品性也会明显提高。使用时要严格按照使用说明,并注意如下问题:药液搅拌均匀后使用,随配随用,用药时间最好在下午 4 点后,严禁在高温下使用。浓度决不可超标,决不可重复使用。

5. 疏瓜技术

一般在瓜长到核桃大小时进行 1 ~ 2 次疏瓜。疏掉畸形瓜、裂瓜、过大过小的瓜,保留个头大小一致、瓜形周正的瓜。一般第一茬瓜留 3 ~ 4 个,第二、三茬瓜留 2 ~ 3 个。疏瓜时,要在膨瓜肥水施用后、瓜坐稳后、植株没有徒长现象发生时进行,这样能有效防止疏瓜后植株徒长,而导致化瓜现象的发生,确保第一茬瓜的适宜上市期,并能获得高效益。

（四）肥水及温度管理

1. 肥水管理

甜瓜在施足底肥基础上，需要进行追肥，磷钾肥能提高甜瓜品质，一般多施磷钾肥，少施氮肥。氮肥过量，植株生长过快，植株抗病能力减弱。抽蔓－开花坐果期植株生长快，吸收养分速度也快，是吸氮高峰期，追硫酸铵 5 kg/亩，可与浇窝水进行。幼果膨大期即幼果长到鸡蛋大小时，每亩地用发酵好的饼肥 10 kg 和磷酸二氢钾 6 kg 进行穴施，也可用磷酸二氢钾 7～10 d 喷 1 次。伸蔓期、小果期、膨大期三个关键期一定要供水充足，采收前一周停止灌水。叶面肥可喷洒施玛红药剂，促进坐果和果实膨大。

2. 温度管理

甜瓜是喜温作物，各个生长期所需要的温度不同，一般情况下，生长适宜温度为 25～30 ℃，10 ℃完全停止生长，7.4 ℃产生冻害。开花期温度控制在 25～28 ℃。刚定植时温度低，以保温为主，尽量少放风口，中后期温度较高，要注意放风以调节棚内温度和湿度。瓜成熟期，昼夜温差较大，白天最好控制在 30 ℃，夜温 15～20 ℃，为增加昼夜温差可采用夜间放风的方法。

五、病虫害防治

1. 猝倒病

猝倒病是瓜类作物主要病害之一。受害的幼苗茎接近地面部分变色、腐烂或干缩。起初只是个别苗发病，几天后即以此为中心，成片猝倒。

防治方法：严格选择床土。选择 7 年以上未种过瓜的大田土。药剂防治用苗菌敌 1 袋(5 g)拌土 20 kg。

2. 枯萎病

枯萎病又叫萎蔫病，从幼苗到结果期均可发病，但以结瓜期最重。病害发生在蔓部，严重时产生油状分泌物，瓜蔓病斑逐渐凹陷，造成病株的叶片由上而下逐渐萎蔫；茎基部纵列，根变褐腐烂。

防治方法：选用抗病品种；增施磷钾肥；施用充分腐熟的肥料；用砧木嫁接；枯萎灵或抗枯宁灌根。

3. 病毒病

病毒病又名花叶病或小叶病，该病主要为蚜虫传播。染病植株叶片出现绿或浅绿色的花斑，形成花叶；果实发病时形成深绿和浅绿相间的斑块，并有不规则的突起，出现畸形瓜。

防治方法：种子消毒、温汤浸种催芽。及时消灭蚜虫，避免蚜虫传毒。发病初期用 20% 病毒 A 500 倍液或病毒威 800 倍液防治。

4. 霜霉病

霜霉病是叶部病害。初期叶片出现界限不明显的淡黄色小斑，逐渐扩大，成为不规则的多角形，并由黄变淡褐色再变成灰褐色。严重时出现大片叶片枯死干裂，似火烧状。一般先下部老叶发病,而后逐渐向上。

防治方法:用抗病品种,早发现早防治。75%百菌清、72%克露、凯特、乙酰吗啉等在发病初期可使用。此外,露娜森、银法利都有很好的防治效果。

第六节　春露地薄皮甜瓜富硒简约化栽培技术

薄皮甜瓜的简约化栽培技术也叫懒瓜栽培技术,是当前最高效的栽培技术之一,该技术不定心、不整枝,可降低劳动成本,提高生产效率,增加经济效益,为农民丰收致富提供保障。

一、品种选择

在黑龙江省早春露地种植薄皮甜瓜可选择"鹤丰金喜""龙甜9号""龙甜10号""地依""甘一美香""靓甜"等早熟、抗病品种。主要的品种选择和育苗技术同第五节。

二、田间管理

(一)选茬

以玉米、麦茬为好,其次是豆茬。选用地势高、排灌方便、土质疏松的土壤。在选茬时要充分考虑前茬是否使用过残效期长的除草剂,如豆黄隆、阿特拉津、乙草胺等,防止土壤存留农药对甜瓜幼苗产生毒害。

(二)整地施肥

秋翻地,秋起垄,保墒效果好。甜瓜根系比较发达,要求耕作层疏松、肥沃、深厚,结合整地施入基肥。每公顷施用优质有机肥20 t做底肥,根据土地肥力情况,酌情增减。每亩施用500 kg的复合肥和450 kg的腐熟豆肥作基肥,之后混匀土壤,避免肥料直接与植株根系接触。

(三)定植

以晚霜已过,晴天上午定植为好。东北地区露地覆膜栽培,由于懒瓜品种不整枝不打蔓,可适当加大株距,栽培株行距为60 cm×70 cm,种2垄空1垄或种4垄空1垄,便于管理。亩保苗1 500~1 800株。

(四)整枝

去除子叶及腋芽,不定心、不整枝、不"拦头"。根据长势,在子蔓15 cm左右打1~2次瓜菜矮丰或多效唑,根据长势、天气、肥力等情况科学使用。

(五)富硒技术

在甜瓜第一个雌花开花期喷施生物富硒营养液,20 d后再喷施1次(图8-10)。

图 8 - 10　早春露地甜瓜简约化富硒栽培技术

三、病虫害防治

1. 猝倒病

育苗前用五氯硝基苯混合剂或多菌灵等药剂进行土壤消毒,出苗后可用 30% 恶霉灵 1 000 倍液和凯普克 500 倍液灌根。加大通风,降低湿度。

2. 枯萎病

枯萎病使叶从基部逐步发黄萎蔫,根变褐腐烂,茎基部纵裂。防治此病可选用抗病品种;减少氮肥的施入量;采用嫁接技术。药剂防治可每亩使用 75% 根腐宁 200~400 g 兑水 75~100 kg 灌根,或用枯萎灵 600~800 倍液灌根。

3. 病毒病

感染病毒病后叶片出现花叶、蕨叶或皱缩。要及早防治蚜虫,控制病毒病的发生;也可用金封毒 30 g/亩或斗毒等防治。

4. 白粉病

白粉病主要危害甜瓜叶片。初发生时叶片产生黄色小点,而后扩大发展成圆形或椭圆形病斑,表面生有白色粉状霉层。可使用健达、翠贝、露娜森或者中蔬生物的白粉五号等进行防治。

第七节　油豆角富硒栽培技术

油豆角是我国东北地区(黑龙江省、吉林省为主)特有的一种优质菜豆品种。其含有较高的蛋白质,含量可达到其干质量的 20% 以上,氨基酸组成和比例也比较合理,含有人体必需的 18 种氨基酸,其中赖氨酸含量较高,还富含膳食纤维、多种维生素和矿物质。

一、品种选择

在早春大棚和温室栽培宜选择蔓生品种,露地小面积栽培可选蔓生品种,露地规模型大面积栽培宜选择矮生品种。优质蔓生品种有"将军"（一点红）、"霞冠"、"紫冠"、"丰冠"、"满堂彩"。矮生菜豆品种有"黑大金冠""黑大吉冠"（图8-11、图8-12）。

图8-11　"黑大系列"优质蔓生油豆角品种

图8-12　"黑大系列"优质矮生油豆角品种

二、茬口安排

茬口安排详见表8-1。

表 8 - 1　油豆角栽培的茬口安排

栽培形式	播种期	定植期	采收期
温室春早熟	2 月下旬 ~ 3 月中旬	3 月下旬	5 月中旬至 6 月下旬
大棚春早熟	3 月中旬	4 月中旬	6 月中旬至 7 月上旬
露地春茬	5 月中旬	直播	7 月中旬至 8 月下旬
露地延后茬	6 月中旬	直播	8 月上旬至 9 月上中旬
大棚延后茬	7 月上中旬	直播	9 月上中旬至 10 月上中旬
温室延茬	8 月上旬	直播	10 月上旬至 11 月上旬

三、土壤选择

选择土层肥厚、肥沃、通透性好的地块。选择岗地,要求排水好。不要重茬。要选择无除草剂残留的地块。播种前施足基肥,实行平衡施肥,有机肥应充分腐熟达到无害化后方可使用,一般每 667 m² 施用腐熟有机肥 3 000 ~ 4 000 kg,配合施用氮、磷、钾复合肥35 ~ 50 kg,将肥料撒匀、深翻 30 cm。露地栽培要采用秋施有机肥、秋翻、秋整地、氮磷钾复合肥混均埯施,注意化肥与埯土充分温和,防止烧苗。

四、种子处理及育苗

1% 福尔马林浸种 20 min,再用清水洗净,防止种子带菌;浸种时间不超过 2 h。菜豆育苗方法:采用营养钵育苗,每钵播种 3 粒,保苗 2 株。播后苗床白天温度控制在 20 ~ 25 ℃,夜温 15 ~ 18 ℃。若发现幼苗徒长,应降低床温,并控制浇水。播种后约 20 ~ 25 d,幼苗长出第 2 片复叶时定植。苗期不超过 30 d。

五、田间管理

(一)露地栽培管理

春播应在 10 cm 地温稳定在 10 ℃ 以上时播种。露地覆膜栽培采用垄作大垄双行栽培方式,垄距为 120 cm,每垄播双行,垄上行距 40 cm,株距 40 cm,每播种 3 粒,保苗 2 株。直播每 667 m² 用种量为架菜豆 4 kg,复合肥 35 kg。可采用菜豆复合播种机播种,实现油豆角的播种、施肥、封闭除草和覆膜的"四位一体"作业。露地直播栽培采用单垄栽培方式,垄距为 70 cm,株距 40 cm,每播种 3 粒,保苗 2 株。直播每 667 m² 用种量 4 kg。秋季深翻,减少初次侵染病原菌。每亩 5 000 kg 有机肥做基肥,复合肥 30 kg。硼肥用硼砂 600 倍液或速乐硼 1 200 ~ 1 500 倍液,钼肥可用钼酸铵 2 500 倍液于菜豆第三片真叶展开、开花前 7 ~ 10 d 和开花后分 3 次喷施。可在开花时喷施生物富硒液,间隔 20 d 再喷施 1 次。

(二)设施栽培管理

清洁栽培,清洁种植场所,如棚架、土壤、棚膜等。膜下滴灌,节水节肥减少湿度。合理稀植,密度稀植(75 cm×45 cm),用矮棵作物间作。及时清除田间杂草。真叶出现后及时插架。加强通风,减少空气湿度,降温,提高座荚率。及时吊蔓,满架后掐尖。干花湿荚,采用前控后促的水肥管理。合理追肥,每亩追施复合肥 30 kg,结合灌水于座荚后分 3 次追施,每次间隔 7 d。硼肥用硼砂 600 倍液或速乐硼 1 200 ~ 1 500 倍液,钼肥可用钼酸铵 2 500 倍液于菜豆第三片真叶展开、开花前 7 ~ 10 d 和开花后分 3 次喷施叶面。

六、病虫害防治

采用综合防治措施防治菜豆病虫害。选用高效低毒低残留的农药进行防治,防止农药残留超标。可采用农业防治、物理防治(防虫网诱杀(黄板、蓝板)、灯光诱杀(频振式杀虫灯))、生物防治(昆虫天敌应用、微生物利用(苏云金杆菌)、农用抗生素(阿维菌素杀虫杀螨剂)、植物源农药)、化学防治(不使用国家禁止在蔬菜上使用的农药)。合理使用化学农药,掌握农药安全间隔期,安全用药。

1. 炭疽病

该病为真菌非卵菌病害。炭疽病菌侵染菜豆的叶、豆荚等所有地上部分,在豆荚上形成褐色稍下陷的圆形病斑。防治药剂主要有 50% 多菌灵可湿性粉剂 500 倍液、70% 甲基托布津可湿性粉剂 1 000 倍液、65% 代森锌可湿性粉剂 500 ~ 600 倍液、70% 代森锰锌可湿性粉剂 400 倍液、80% 大生可湿性粉剂 600 ~ 800 倍液、10% 世高水分散性颗粒剂 1 000 ~ 1 200 倍液、75% 百菌清可湿性粉剂 600 倍液。

2. 锈病

此病主要危害叶片。染病叶先出现许多分散的褪绿小点,后稍稍隆起呈黄褐色疱斑。高温、高湿极有利于锈病流行。防治应注意通风降湿,发病初期应喷 15% 粉锈宁、20% 苯醚甲环唑、40% 氟硅唑,间隔 10 ~ 15 d 再喷 1 次。

3. 细菌性烧叶病

细菌性烧叶病为菜豆常见的主要病害之一,严重时全叶干枯,似为烧状,一般减产 20% ~ 30%。该病由黄单胞杆菌属的细菌侵染引起,高温高湿有利于发病和蔓延。防治忌连作,注意通风降湿等。发病初期可用 72% 农用链霉素可溶性粉剂 3 000 ~ 4 000 倍液。

4. 菌核病

受侵染的植株先在茎基部出现暗褐色、不定形、湿润状的病斑。湿度大时病部表面先长出白色棉絮状菌丝,后集结成黑褐色、鼠粪状的菌核。用 40% 菌核净、75% 肟菌·戊唑醇、70% 甲基托布津可,隔 7 ~ 10 d 喷 1 次,共喷 1 ~ 2 次。

第八节　油菜富硒栽培技术

油菜是富硒能力较强的作物,由油菜植株吸收的硒可在根、茎、油菜籽中积累,转化为能被人体吸收的有机硒。油菜吸收适量的硒,还能增强油菜植株的光合作用、增加油菜根系的活力,有利于油菜生长并获得高产。

一、品种选择

不同的油菜品种对硒的吸收能力有所差异,种植油菜要选用符合市场需求、高产稳产、抗性较好的优良品种,若要开发富硒的油菜薹,最好是选用"中油高硒 1 号""中油高硒 2 号"等富硒油菜薹新品种,生产的油菜薹好吃,且具有"三高一低"——高钙、硒、维生素 C 含量,低镉含量的优点。在黑龙江省种植则宜选用上海青或无毛小油菜(图 8 - 13)。

图 8 - 13　油菜富硒栽培技术

二、栽培管理

(一)富硒处理

在黑龙江省种植富硒油菜可在富硒土壤带上(如宝清、富锦等)种植,若土壤缺硒或硒的浓度不够,宜采取叶面喷施生物富硒肥液处理,一般在叶用油菜苗期(3 ~ 5 叶)喷施生物富硒营养液,硒肥按要求进行稀释配制成溶液,均匀喷施于油菜植株叶片的正反面上,以油菜的叶片表面不滴水为佳。注意事项:配制硒溶液时不能加入碱性的农药或肥料,宜在晴天喷施,避免中午高温或雨天施用,施后遇雨应酌情补施。

(二)肥水管理

油菜生长过程中遇旱要及时小水勤浇,避免浇大水,以免影响油菜根系;进入生长旺盛期可以追施叶面肥或补施氮肥。

三、病虫害防治

1. 霜霉病

该病害主要危害叶片和花。发病初期出现小绿斑,后期扩展为黄色斑,长白霉变。

防治方法:选择抗病品种,加强田间管理,合理密植,加强磷钾肥施用,雨后及时排水,控制湿度引起的病害,播种前使用 35% 甲霜灵混合种子。抽薹期,喷 75% 百菌清润湿粉 500 倍液或 58% 甲霜灵锰锌润湿粉 500 倍液,每 7 ~ 10 d 喷 1 次,连续喷洒 2 ~ 3 次。

2. 菌核病

茎感染菌核病后,由浅棕色斑发展为长条纹斑,呈轮状,边缘呈褐色,湿度较高,病部以上的茎和枝条枯萎。叶部发病将出现黄褐色病斑,病叶易穿透。

防治方法:因地制宜选择抗病品种,加强水肥管理,及时清除老病叶,减少致病菌,用 1 000 倍液或 1 500 倍液 50% 腐殖酸尿素润湿粉防治发病后的病害,效果很好。

3. 蚜虫

危害油菜的蚜虫主要有萝卜蚜和桃蚜两种。这两种蚜虫都以成、若蚜密集在油菜叶背、茎枝和花轴上刺吸汁液,损坏叶肉和叶绿素,苗期叶片受害卷曲、发黄,植株矮缩,生长迟缓,严重时叶片枯死。

防治方法:每亩可用 70% 吡虫啉、4.5% 高效氯氰菊酯、3% 啶虫脒乳油或 50% 抗蚜威可湿性粉剂、2.5% 功夫乳油等兑水喷雾防治。

四、适时采收

适时采摘油菜薹,若种植"中油高硒 1 号"这类功能性油菜,可在油菜抽薹长至 25 ~ 35 cm 时摘主薹食用,因含硒、钙等营养成分,经济价值较高。角果 8 成熟时可安排收割,若是机收可在采收前喷施 1 次乙烯利催熟,及时脱粒、翻晒,对油菜籽进行硒含量检测。

五、油菜硒吸收的分配规律

油菜富硒主要是利用富硒土壤、在缺硒土壤中施用硒肥或叶面喷施硒肥等方式。在土壤硒缺乏的条件下,向土壤中增施一定量的硒肥,油菜可通过根系吸收硒元素,逐渐向地上部分运输,转移至籽粒与角果壳,当土壤中硒的浓度较大时,油菜硒吸收的分配规律为茎 > 根。

叶面喷施硒肥是生产富硒油菜的主要措施,叶面喷硒的硒肥主要通过叶片吸收,再向根、茎等部位组织转移,经过测定,油菜硒吸收的分配规律为叶 > 根 > 茎。

第九章 果蔬提质增效富硒技术实际案例

第一节 油豆角生物活性硒提质增效富硒案例

一、黑龙江省农业科学院园艺分院油豆角富硒案例

品种:紫花油豆、将军豆角

试验方法:分别于 2020 年 5 月 7 日初花期、5 月 18 日坐果初期、6 月 23 日(最后一次采收前 10 d)共喷施 3 次生物活性硒营养液。2020 年 6 月 17 日进行首次采摘测产,并测量叶片叶绿素差异;7 月 3 日进行第二次采摘测产(图 9 - 1)。

对照组:叶色发黄,叶片薄　　　　处理组:叶色浓绿,叶片厚

图 9 - 1　油豆角富硒栽培后的植株表现

将军豆角处理　　　　　　　　　　　　　将军豆角处理

紫花油豆对照　　　　　　　　　　　　　紫花油豆对照

对照组：叶片稀疏，黄病叶多　　　处理组：叶片茂密，黄病叶少

图 9 - 1（续）

　　测产结果：紫花油豆角生物活性硒处理比对照增产 19.80%；将军豆角生物活性硒处理比对照增产 26.74%（表 9 - 1）。

表 9 - 1　油豆角富硒处理的产量测定

豆角品种	样本数量/株	第一次采收质量/斤	第二次采收质量/斤	单株产量/斤	产量增幅/%
紫花油豆角处理	86	22.5	15.6	0.44	19.80
紫花油豆角对照（CK）	96	21.1	14.4	0.37	
将军豆角处理	65	24.9	23.8	0.75	26.74
将军豆角对照（CK）	68	18	22.2	0.59	

　　经过权威第三方检测机构谱尼测试检测：紫花油豆角生物活性硒处理组硒含量 520 μg/kg，对照组硒含量 32 μg/kg。将军豆角生物活性硒处理组硒含量 380 μg/kg，对照组硒含量未检出（图 9 - 2）。

　　为进一步研究生物活性硒富硒技术对豆角增产及抗病性的影响，随机测量处理组与对照组的豆角叶片叶绿素含量差异，数据见表 9 - 2。

　　生物活性硒处理的豆角叶片与对照相比，叶绿素含量均有不同幅度增加，植株活力增强。

图9-2　油豆角富硒栽培后的硒含量测定报告

表9-2　油豆角富硒处理的叶绿素含量测定

随机样本	将军豆角/($\mu g \cdot g^{-1}$)		紫花油豆角/($\mu g \cdot g^{-1}$)	
	处理	对照	处理	对照
1	41.3	28.4	36.9	31.3
2	37.7	32.4	34.3	37.6
3	40.7	24.1	31.7	30.6
4	45	31.2	39.7	37.2
5	38.7	34.2	33.1	25.2
6	38.3	31.4	25.8	35.6
7	31.3	28.2	38.6	20.8
8	37.9	27.9	29.7	37.6
9	32.4	30.3	30.6	37.4
10	31.9	27.2	30.4	27.3
平均值	37.52	29.53	33.08	32.06
增幅/%	27.1		3.2	

二、永和菜业油豆角富硒案例

地点:2020 年黑龙江省农业科学院宾县成果中试基地(永和菜业)

种植品种:黄金钩豆角

前期处理:2020 年 7 月 1 日、7 月 12 日喷施 2 次生物活性硒营养液;7 月 19 日进行采摘测产。

喷施生物活性硒的豆角叶片颜色浓绿,叶片大且厚,对照组叶片颜色发黄,叶片小且薄;后期对照组黄叶增多,提前衰败,而富硒组叶片依然浓绿(图 9 - 3)。

图 9 - 3　油豆角富硒处理后的植物学性状表现

测定方法:从对照组和处理组随机选取 7 穴采摘为 1 次重复,共测量 3 次重复,求平均值;从对照组和处理组随机选取 10 粒豆角测量豆荚长度,求平均值(图 9 - 4)。

图 9 - 4　油豆角富硒栽培后的产量测定鉴评会

物活性硒处理组豆角与对照组相比：①豆角颜色金黄，更符合黄金勾豆角的特征；②豆角长度增加9.54%，商品率更高；③经实际测产，产量增幅达26.72%；④经过权威第三方检测机构谱尼测试检测，生物活性硒处理组硒含量50 μg/kg，对照组硒含量未检出。综上所述，豆角使用生物活性硒富硒技术后，叶片的叶绿素含量明显增加，叶片变厚，衰老叶片少，植株长势强，病情指数显著降低，抗病能力显著增强；果实商品性显著提升，果实优质化率高于对照；增产幅度达19.80%~26.74%；豆角硒含量可达50~520 μg/kg（表9-3、图9-5）。

表9-3　油豆角富硒处理的产量测定

样本	重复1/kg	重复2/kg	重复3/kg	平均/kg	增幅/%
对照	3.2	3.6	4.1	3.63	26.72
处理	4.7	4.6	4.5	4.60	

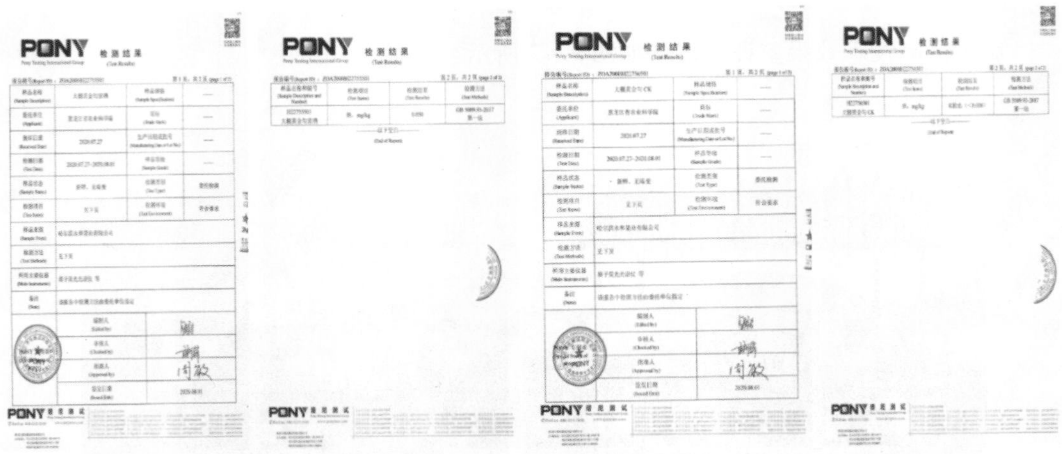

图9-5　油豆角富硒栽培后的硒含量测定报告

第二节　茄子生物活性硒提质增效富硒案例

茄子品种：龙杂茄三号

种植地点：佳木斯桦川东旺果蔬基地、佳木斯桦川五良蔬菜基地

实测时间：2020年8月8日

如图9-6所示。

处理：株高更高，叶片宽大、肥厚　　对照：株高矮，叶片小且薄

图 9-6　"龙杂茄三号"生物活性硒提质增效对比

茄子富硒技术效果鉴评会现场如图 9-7 所示。

图 9-7　茄子富硒技术效果鉴评会

图 9 - 7(续)

测定方法:从 2 个基地对照组和处理组随机选取 3 株采摘为 1 次重复,3 次重复;从五良蔬菜基地对照组和处理组各随机选取 3 株,测量株高、冠幅和四面斗第一片叶子长、宽值(表 9 - 4 至表 9 - 6)。

表 9 - 4 东旺果蔬基地富硒技术应用田间实测果实对比数据

类别	测试项目	重复 1	重复 2	重复 3	平均	增幅
对照(CK)	质量/kg	1.26	1.33	1.13	1.24	质量增加 28.23%
	果实数/个	19	20	17	18.7	
富硒处理	质量/kg	1.69	1.57	1.5	1.59	数量增加 19.25%
	果实数/个	23	24	22	22.3	

表 9 - 5 五良蔬菜基地富硒技术应用田间实测果实对比数据

类别	项目	重复 1	重复 2	重复 3	平均	增幅
对照	质量/kg	0.97	1.14	1.09	1.07	质量增加 23.36%
	果实数/个	17	20	19	18.7	
处理	质量/kg	1.17	0.98	1.82	1.32	数量增加 17.65%
	果实数/个	21	16	29	22	

表 9 - 6 五良蔬菜基地富硒技术应用田间实测植株对比数据

类别	项目	重复 1	重复 2	重复 3	平均	增幅
对照	叶片/长×宽/cm	16.5×10.5	17×8.5	15.5×14	16.3×11	叶片增幅 71.78%
	植株/株高×冠幅/cm	65×80	70×80	74×80	70×80	
处理	叶片/长×宽/cm	23×15	21×15	21×13	22×14	植株增幅 52.79%
	植株/株高×冠幅/cm	90×90	90×93	95×95	92×93	

结论:茄子使用生物活性硒富硒技术与对照处理相比:①株高增高,冠幅增大,增幅达52.79%;②叶片变厚,变宽大,增幅达71.78%;③衰老叶片少、植株长势强、抗病能力增强;④果实数量增加,增幅达17.65% ~ 19.25%;⑤产量增加显著,增幅达23.36% ~ 28.23%。

第三节 黄瓜生物活性硒提质增效富硒案例

试验地点:黑龙江省农业科学院园艺分院温室

黄瓜品种:华北型黄瓜(俗称水黄瓜)、华南型黄瓜(俗称旱黄瓜)

前期处理:于2020年5月4日(黄瓜80%开花),5月11日(80%结果)2次喷施生物活性硒营养液,分别留空白对照。2020年5月18日和2020年6月3日先后进行2次采摘测产(图9-8)。

对照组:叶片稀少、黄叶多　　　　生物活性硒处理:叶片茂盛、黄叶少

图9-8 黄瓜富硒处理后的植物学性状表现

为进一步研究生物活性硒富硒技术对黄瓜增产及抗逆性的影响,在应用生物活性硒24 h后,提取处理组与对照组的黄瓜叶片检测其谷胱甘肽过氧化物酶的活力变化,生物活性硒处理黄瓜的谷胱甘肽过氧化物酶活力的上升速率更加显著(表9-7、图9-9、图9-10)。

表9-7 富硒处理24 h黄瓜谷胱甘肽过氧化物酶活性测定表

对照组/IU	生物活性硒处理组/IU	增幅/%
690	1 107	60.4

图 9 – 9 富硒处理后黄瓜谷胱甘肽还原酶测定报告

图 9 – 10 富硒处理后黄瓜的产量对比情况（上面为对照，下面为富硒处理）

生物活性硒富硒技术可使华北型黄瓜坐果率提高 31%，实现增产 24.5%；华南型黄瓜坐果率提高 16%，实现增产 16.7%。经过国际权威第三方检测机构检测硒含量达到 280 μg/kg（表 9 – 8、图 9 – 11）。

表9-8 黄瓜富硒技术应用田间实测植株对比数据

样本	第一次采收根数	第一次采收质量	第一次采收产量增幅/%	第二次采收根数	第二次采收质量/斤	第二次采收产量增幅/%	采收总根数	座果率增幅/%	采收总质量/斤	总质量增幅/%
华北型黄瓜处理	43	24.3	18.5	50	28	30.2	93	31	52.3	24.5
华北型黄瓜对照CK	37	20.5		34	21.5		71		42	
华南型黄瓜处理	39	14.2	13.6	70	27.8	18.3	109	16	42	16.7
华南型黄瓜对照CK	36	12.5		58	23.5		94		36	

图9-11 富硒处理后黄瓜的硒含量测定

第四节 白菜生物活性硒提质增效富硒案例

地点:黑龙江省农业科学院园艺分院、黑龙江翠花酸菜集团齐齐哈尔基地

种植品类:白菜(图9-12)

应用生物活性硒富硒技术后,富硒白菜叶片颜色深且肥厚,球顶叶颜色深绿,抱球更紧实,抗病性更强,整齐度高,商品性好,口感更清香脆甜,无辣味,无青臭味;富硒白菜硒含量分别为40 μg/kg(喷施1次)和120 μg/kg(喷施2次)。由富硒酸菜硒含量达到74 μg/kg(图9-13)。

图 9－12　富硒处理后白菜的商品性状表现和测定报告

图 9－13　富硒处理后白菜的硒含量测定报告

第五节　葡萄生物活性硒提质增效富硒案例

地点:鹤岗山野梨花谷葡萄采摘园\黑龙江省农科院民主园区(图 9－14)

富硒葡萄特点:皮薄、粒大、汁多,总糖提高,酸度弱化,口感提升,商品率提高,硒含量可达 270 μg/kg。用富硒葡萄酿制的葡萄酒硒含量达 72 μg/kg,酒精度 11.8,黄曲霉素、甲醇等关键葡萄酒指标全部达标(图 9－15)。

图 9 – 14　富硒处理后葡萄的商品性状表现

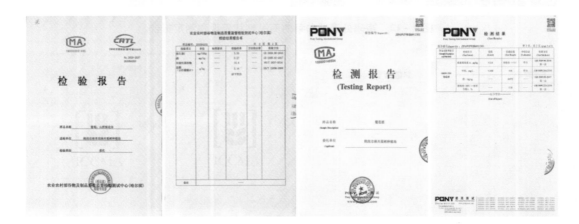

图 9 – 15　山梨花葡萄及富硒后的营养成分分析

第六节　盆栽蔬菜生物活性硒提质增效富硒案例

地点:哈尔滨薇家农业发展有限公司双城基地

种植品类:盆栽系列蔬菜

盆栽蔬菜应用生物活性硒富硒技术应后,促进根系生长,叶片绿且厚度增加,种植周期由原来的 35～38 d 缩短到 30 d 左右,盆栽蔬菜提前 5～8 d 上市,每亩产量提高 2 000 盆,富硒后蔬菜价格由原来每盆 20 元提升到 30 元,市场依然供不应求;夏季棚温度超过 40 ℃时,菊科叶用莴苣属的生菜、菊苣属的苦菊等盆栽菜停止生长或者生长受限,表现为植株软、扒、叶片发黄不能上市,造成销售空档期 45 d。使用生物活性硒富硒技术后,不仅所有品类的绿叶菜叶片明亮翠绿,紫色菜更加鲜艳,商品性更强,而且没有空档期,各大酒店纷纷将盆栽蔬菜用来当作招牌,产品供不应求;仅春、夏两季每亩就增加效益 2 万余元。经国家权威第三方检测机构检测硒含量达 62 μg/kg,产品深受消费者喜爱,市场前景非常广阔。富硒盆栽蔬菜亮相 2020 年农博会,成为展会上最大的亮点之一,展台前购买和洽谈的客商络绎不绝(图 9 – 16)。

图 9 – 16 富硒盆栽蔬菜亮相农博会

第七节 番茄生物活性硒提质增效富硒案例

地点:哈尔滨市俱扬蔬菜专业合作社(2021)

富硒番茄特点:果皮薄、光泽度好、酸甜适口,口味更佳,深受消费者欢迎,产品供不应求,经第三方机构检测硒含量 55 μg/kg(图 9 – 17)。

图 9 - 17　富硒番茄的商品性状和检测报告

第八节　菇娘生物活性硒提质增效富硒案例

时间地点:2021 年林口县古城镇乌斯浑村菇娘种植基地

林口县古城镇乌斯浑村富硒菇娘试验示范田,总面积 16 亩,其中,对照面积 8 亩,喷施富硒营养液面积 8 亩。8 月份,菇娘正式进入收获期,实地观察。富硒组菇娘特点:较对照组植株更高、主茎更粗、枝叶更繁茂、坐果率提升 16.8%、果实大小更均匀、色泽更亮;口感品鉴方面,富硒菇娘外皮更薄、果肉更脆、甜度更高、消费者反馈更好。以 9 月 2 日上午 10:30 分为时间节点,产量提升 12.2%。经第三方机构检测硒含量 50 μg/kg(图 9 - 18、图 9 - 19)。

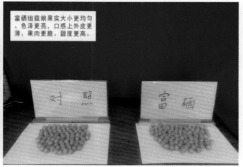

图9-18　富硒菇娘的植株和果实性状

图9-19　富硒菇娘的检测报告

第九节　木耳生物活性硒提质增效富硒案例

时间地点:牡丹江市长兴富硒木耳种植专业合作社(2021)

牡丹江市长兴富硒木耳种植专业合作社应用生物活性硒富硒技术,通过大棚吊袋和地栽方式,运用不同方案,栽培出不同硒含量的木耳,富硒木耳耳片肥厚,口感清脆,硒含量达到0.52~3.6 mg/kg,以满足不同客户需求(图9-20、图9-21)。

图 9 – 20　木耳生物活性富硒效果

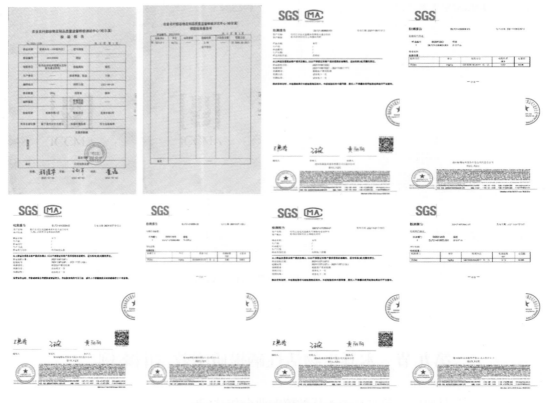

图 9 – 21　木耳硒含量检测报告

第十节　茶叶生物活性硒提质增效富硒案例

时间地点:2021 年青岛海青福润春茶园基地

2021 年青岛海青福润春茶园基地使用生物活性硒富硒技术,运用不同方案,生产不同硒含量的茶叶,通过第三方检测机构检测,绿茶硒含量达到 3.66 ～ 9.17 mg/kg(炒制后干茶),以满足不同客户需求(图 9 – 22、图 9 – 23)。

图 9 – 22　茶叶生物活性富硒效果

图 9 – 23　茶叶硒含量检测报告

第十一节　黄金梨生物活性硒提质增效富硒案例

时间地点:2021 年山东安丘市大汶河旅游开发区

2021 年山东安丘市大汶河旅游开发区黄金梨使用生物活性硒富硒技术,仅在黄金梨第一次膨大期喷施一次,成熟后富硒黄金梨与对照相比皮更薄,更脆甜,口感更好。通过第三方检测机构检测:硒含量为 11 μg/kg(鲜基),可溶性固形物、葡萄糖、蔗糖、果糖等关键指标与对照相比全部提升（图9-24、图9-25）。

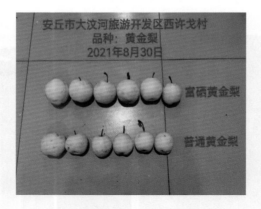

图9-24　黄金梨生物活性富硒效果

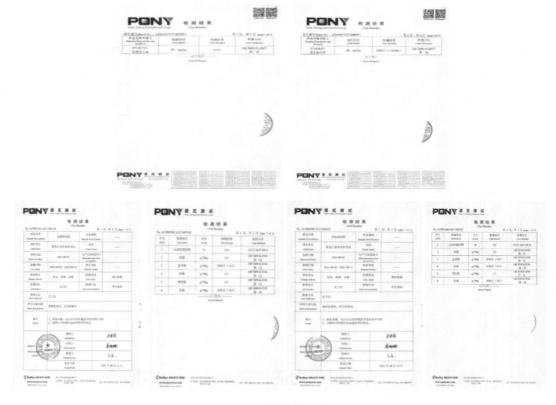

图9-25　黄金梨硒含量检测报告

第十章　富硒农业前景展望

第一节　富硒农产品发展政策分析

目前我国人群日平均硒摄入量为 44.6 μg，显著低于中国营养学会推荐的日硒摄入量 60~250 μg，通过膳食补充硒元素具有安全、低成本、效果显著等优势，因而富硒农产品市场潜力巨大。近年来，富硒农产品的种类日益增多，其中开发利用比较成熟的有富硒茶叶、富硒大米、富硒鸡蛋、富硒禽肉、富硒食用菌和富硒蔬菜瓜果等，受到了广大消费者青睐。据测算，我国富硒农产品市场容量据理论估算约在 4 000 亿元，富硒保健品及医药产品在 1 000 亿元以上。

富硒农产品的消费情况与地区经济状况和居民的经济收入水平有较大的相关性。2016 年，采用问卷调查和访谈相结合的方式，对北京市主要的超市和农贸市场进行走访调查。调查结果表明，受访者中完全不知道硒元素的比例仅为占 5%，绝大部分了解或听说过硒元素，其中，听说过硒元素的占 59%，了解硒元素的占 30%，非常了解硒元素的占 6%；补硒对于大多数消费者来说还比较陌生，被调查者中大多数人知道硒元素，然而很多人并不知道硒元素对人体健康的重要性。

随着我国富硒产业的发展，富硒产品的种类越来越丰富，但由于技术水平、宣传力度、企业销售策略的差异以及消费者的关注程度不同，消费者对于这些富硒产品的了解使用程度也有很大差异。富硒产品使用意愿的调查结果显示，85.78% 的受访者表示愿意使用富硒产品，只有 14.22% 的消费者表示不愿意尝试富硒农产品。

消费行为调查结果显示，受访者购买最多的富硒产品类别是米面杂粮，占到 65.32%；其次是富硒水果和富硒蔬菜，分别占 63.58% 和 63.01%；而富硒保健品的购买比较少，占到 15.61%。一方面，目前市场上的富硒产品最主要的是富硒农产品，富硒保健品只是占据着很小的市场份额；另一方面，与我国民众普遍接受食补的方式有关。

调查了不同年龄阶段的消费者对富硒产品的使用意愿，结果显示，20 岁以下消费者对富硒产品的使用意愿最高，这可能是由于低年龄群体对于新事物的尝试意愿会比较高。其次是年龄在 30~40 岁的消费者，而 20~30 岁和 50~60 岁的受访者使用富硒产品的意愿相对较低。部分被调查的中青年消费者表示，自己购买富硒产品是为了孝敬父母长辈，这个群体对富硒产品的认知度相对较高，了解硒对人体的生理功能，是富硒产品的主要购买人群之一。

进一步调查了收入对使用意愿的影响,发现消费者对富硒产品的使用意愿与收入成正相关关系,收入越高,使用意愿越强。其中,收入在 1 000~3 000 元的被调查者中愿意使用富硒产品的比例为 75.41%;收入在 3 000~5 000 元的被调查者中愿意使用者的比例为 81.67%;收入在 5 000~7 000 元的被调查者中愿意使用者比例为 87.50%;收入在 7 000~9 000 元和 9 000 元以上被调查人群均有 94.12% 表示愿意使用。在调查过程中发现收入相对低的消费者部分也有使用的意愿,但结合自身的经济实力,较难承受。因此,在富硒农产品市场拓裂时可以伐先考虑收入较高的人群,造过他们的正段超扩大言睛产品的影响力,逐步扩大市精。

此外,富硒农产品的市场存在地域分布不均省的特点。东部沿海与中西部区差异较大。东部滑海地区的民众补缺意识画于中西部地区。对富硒产品的商费也较高,这与东部沿海地区的经济发黑状况密不可分。

目前,国内的富硒产品的市场需求相对较小。主要原因是大多数消费者对硒的了解不足,另外,多数人对天然高硒和人工富硒产品的区分度不够,这些问题都会影响人们对富硒产品价值的认可度,进而影响富硒产品的市场推广。

第二节　富硒农业产业化建设

一、富硒农产品的开发利用现状

据估计,迄今为止全世界约有 5 亿~10 亿的人处于缺硒状态,而且这个数据有可能正在增加。因此,硒的缺乏依然被认为是一个需要解决的全球健康问题。由于农作物硒源是人体硒摄入的主要来源,因此可以通过作物富硒解决缺硒问题。目前,作物富硒的农艺措施有土壤施硒、叶来面喷硒、硒液浸种、水培和拌种等,其中土壤施硒和叶面喷硒是最主要的两种。

有研究表明土施硒肥,80%~95% 的硒酸盐可能会由于灌溉或降雨而流失,而 80% 以上的亚硒酸盐会在短时间内被土壤固定,导致其生物利用率显著降低。因此,土壤施硒存在植物可食用部位硒富集率较低,而且长期施用会对附近生态系统产生硒毒害并造成资源浪费等问题。所以,土壤施硒应严谨慎重,不建议长期施用。由于植物叶片可通过角质层和气孔来吸收微量元素,因而叶面喷施也是一种可行有效的补硒方式。叶面喷硒不仅减少了土壤因素对硒有效性的影响,而且减少了硒从根部到地上部的运输,所以硒的吸收利用率较土施高。已有多项研究表明,叶面喷硒在水稻、小麦、玉米、葡萄等多种植物上的效果显著优于土施。

二、富硒农产品的开发现状

世界各地都有研究人员在努力开发富硒食品,以减少与硒有关的缺乏症。目前富硒产品的种类越来越多,已开发的富硒农产品有富硒谷物、富硒蔬菜、富硒水果、富硒食用菌、富硒茶叶、富硒药材等。由于谷物在人类饮食结构中具有非常重要的地位,广谱性较高,所以富硒谷物如富硒大米、富硒小麦、富硒大豆和富硒玉米等在富硒农产品的开发中占有主要位置。蔬菜可以提供人体所必需的多种维生素、矿物质和膳食纤维等,是人们日常饮食中的必需品。相比谷类作物,蔬菜具有生长周期短、食用方便等优势,所以富硒蔬菜已经成为农业开发中的一个新亮点。而富硒水果具有提升硒营养与改善饮食结构的双重作用,因而富硒水果的生产也是提高我国乃至世界缺硒地区补充硒水平的一种重要手段。

近些年,尽管许多科研人员对富硒农产品做了大量的研究,但依然有许多问题需要我们进一步探索。首先,对富硒农产品的研究主要集中在可食用部位硒总量的改善上,而对人体吸收利用率更为相关的有机硒的关注较少;其次,对农作物富硒特征及其硒在作物体内硒的吸收转运规律等针对性的研究还不够深入;最后,硒的施用方式对作物硒吸收利用率的影响,仍需要进一步明确。

第三节　富硒产品市场定位

目前,我国生产的富硒产品有富硒大豆、富硒大米和杂粮、富硒果品、富硒蔬菜、富硒茶、富硒特色食品、富硒莲子酒、富硒保健品等。我国富硒农业产业化发展尚处于起步阶段,规模小、产业化水平低,以粗加工为主。我国富硒产业的整体规模仍然较小,龙头企业仍然不多,富硒农业产业化水平仍然不高。

硒虽然是人体中必不可少的元素,但民众对硒的功用和富硒产品的认知非常有限,有的几乎处于空白状态,只有少部分从事相关工作或对富硒产品感兴趣的人有所了解。富硒企业未大力宣传富硒产品的功效,营销手段也比较落后,从而使得富硒产品的市场需求空间窄,客户群单一。

一、因地制宜,发展特色产业集群

富硒产业依赖当地丰富的自然硒资源,发展富硒产业需因地制宜,对符合富硒产业发展的区域,充分利用当地硒资源优势和产业链优势,发展特色富硒产业。将富硒产业作为转型升级的新兴产业、精准扶贫的战略产业来看待。推动富硒农业产业化经营,延伸产业链,与旅游、教育、文化、健康等民生产业融合,实现资源的优化配置,促进富硒产业集聚规模发展。推进区域性富硒产业联盟的建立,助力有发展潜力的区域实现产业信息共享。

如湖北恩施州是世界天然生物硒资源最富集的地区,其依托丰富的硒资源,积极打造"世界硒都·中国硒谷",建设全国知名的生态富硒产业基地、硒食品精深加工产业集群,富硒茶、富硒绿色食品产业集群入选湖北省重点成长型产业集群。

二、加强技术创新,延伸产业链

加大对富硒产业的科技投入,紧密结合大健康方向,深入调研,开发贴合市场需求的富硒产品,扩大产品品类。产品创新必须保证安全健康,严格控制产品质量,包括环境保护、标准化生产、产品质量认证等,完善生产、加工、包装、储藏、运输等环节标准。积极推进公众营养健康的改善,在功能保健型营养健康食品与特殊膳食食品开发等方面有所突破。由于富硒企业大都实力不强,可通过技术转让或产学研合作方式提高创新能力。对实力强的企业可以建立稳定的研发机构,保证创新的长期投入。政府要加大现有富硒产业科技创新平台建设,鼓励富硒企业与高校、科研机构等加强产学研合作,共同培养富硒产业人才。

三、开展互联网营销,扩大品牌效应

富硒产业经营主体应抓住大健康产业蓬勃发展的机遇,借助互联网,开展多形式营销,让越来越多的消费者重视通过富硒产品补充人体所需的硒元素。由于硒资源大多分布在偏远落后地区,富硒产品如处深闺,需要借助现代物流和网络营销手段将其推送给广大消费者。地方政府应在基础设施和品牌打造上给予重点支持。支持企业参加或举办各种展示会、推介会、品鉴会、交流会、优惠酬宾会等活动。与商超对接,设立富硒品牌专区。大力推动企业"走出去",探索在"一带一路"沿线国家和地区宣传推广,不断提升富硒品牌的国际知名度和影响力。如恩施州为了打磨、塑造"硒"品牌,出台了一系列政策措施,构建了州域公用品牌、中国驰名商标、地理标志产品统筹建设的大格局。

四、完善产业标准体系,提高产业竞争力

富硒产业的科学有序发展和产业竞争力的提升都有赖于健全的产业标准。例如,完善产品中的硒标准与日推荐摄入量标准,建立硒与健康大数据,为真正实现科学、精准补硒提供数据支撑。制定富硒种植养殖标准,有助于形成规范性、可溯源、稳定可控的农业原料供应与保障基地。例如,恩施州一直致力于标准体系建设,给硒产品贴上安全、绿色标签。由州内企业参与起草的《食品安全国家标准食品营养强化剂硒蛋白》、由州农科院及国家硒检中心联合起草的《富硒食品中无机硒的测定方法》相继发布实施;成功申报67项涉硒食品安全企业标准;发布种植技术地方标准(规程)8个,这些标准正成为硒产业发展的参考范本。

第四节　富硒品牌建设和营销策略

近年来,我国富硒农业产业逐步向品牌化方向发能,十余个典型富硒区基本建立起各自的区域品牌,但富硒农业产业的整体规模仍然较小,且缺少国家级的品牌企业,需要进一步大力培育知名区域品牌和企业品牌。

一些富硒农产品与普通农产品最新的价格对比数据,从统计结果可以看出:富硒种植业农产品中,富硒玉米和富硒山茶油的价格提升幅度最大,富硒玉米价格是普通玉米价格的 2～5 倍,富硒山茶油价格是普通山茶油价格的 5 倍左右。粮食作物中,除富硒玉米外,富硒水稻、小麦和小米的价格一般是普通水稻、小麦和小米价格的 1.5～2 倍。其他种植类富硒农产品相比普通农产品价格涨幅的波动范围较大,可能与品种有很大关系。整体来说,富硒农产品相比普通农产品价格涨幅并不算太大,说明一些消费者并未认识到富硒农产品的价值,还需进一步加强富硒产品的市场宣传力度。

在富硒养殖产品中,富硒猪、富硒羊和富硒黄兔只比普通猪、羊和黄兔的价格稍高,经济效益较差;富硒鸭蛋、富硒鸡和富硒白鸭的价格大约是普通鸭蛋、鸡和白鸭价格的 2 倍左右;而富硒牛的经济效益最好,能达到普通牛价格的 3～4 倍。整体来说,富硒畜禽产品的经济效益要比富硒种植类农产品差,这可能与普通畜禽产品本身营养就较为丰富,附加值较高有关。

富硒加工农产品由于需要经过较多的中间环节以及对技术的要求较高,生产成本较高,因此富硒加工产品的效益较高。普通面粉的市场售价通常 4～6 元/kg,而富硒面粉的价格达到 8～30 元/kg;富硒米酒及富硒茶油价格通米酒及茶油价格的 4～5 倍;富硒蜂蜜价格较差,但也能达到普通蜂的 2～3 倍。

富硒产品优质优价,其价格高于普通同类产品,有很大的利润空间。与普品相比,虽然价格上高出数倍,但销路却非常好,因此因地制宜得发展农业,不仅能促进农民增收致富,对区域的经济发展具有重要推动作用。

随着我国经济的蓬勃发展和人民生活水平的不断提高,人们对健康得诉。愈发强烈,越来越多的功能性食品进入消费市场。人们对保健食品的消费需求已从过去单一的礼品性消费跨入到现在多元化的功能性消费,涵盖了人们健康消费的全领域、全过程和全阶段。

一、因地制宜,科学合理开发富硒农产品

对全国不同地区农田土壤和农产品的硒有效含量进行全面检测与评价,明确不同地区的硒丰缺程度与不同农产品生产的适宜性,因地制宜,合理发展富硒农业。硒元素摄入过量会引起中毒、导致肝损伤及肠胃和神经系统异常等,因此需要精确控制富硒农产品中

的硒含量,特别是控制农产品中无机硒的残留,充分保障富硒农产品的品质与安全。同时,需要注意的是,在硒含量丰富的地区通常存在重金属伴生的现象,科学合理地开发富硒农产品势在必行。

二、加强补硒技术研究,实现富硒农产品开发规范化

富硒农产品的开发为缺硒地区的居民提供了行之有效的补硒措施,应加大富硒农产品产业化的科技投入与技术支持,筛选适合富硒农产品生产的硒肥与含硒饲料及应用方法,并制订统一的富硒农产品及生产技术标准;各级政府及农业部门应明确富硒农产品开发的目标与要求,切实加强监督和管理,制定相关的法律和法规,保证富硒农产品开发有序进行。

三、加强引导和管理,促进富硒农产品开发的产业化

政府及相关部门要切实加强引导和管理,富硒农产品生产加工与销售企业必须强化质量意识,推进产品标准化,严格按照富硒农产品生产技术规范操作,及时进行富硒农产品的产前原料、产中与产后产品的硒含量检测;必须强化品牌和规模意识,切实树立消费者对富硒农产品的品牌认知度和信誉度。

富硒农产品与普通农产品差异性较大,普通农产品市场近似完全竞争市场,农产品需求弹性小可替代性高,同一产品往往都是在同时上市和下市,市场风险较大。而富硒农产品与普通农产品不同,市场需求弹性较高,可替代性低,市场供求失衡风险相对较小。富硒农业产业在一定程度上属于资源型产业,富硒地区具有一定的垄断优势,可形成较高的市场进入壁垒,占领市场,调控市场,获得较高的收益,将资源优势转化为经济优势,促进本地区经济发展。